· *Symmetry* ·

对称是一个广阔的主题，在艺术和自然两个方面都意义重大。数学则是它的根本。

——外尔

我的工作常把真实和美统一起来，但当我不得不在这二者中做出选择时，我常常选择美。

——外尔

外尔是20世纪最后一个全能的伟大数学家。

——小平邦彦，日本数学家，菲尔兹奖和沃尔夫奖得主

外尔可以独自与19世纪的两个最伟大的全能数学家——希尔伯特和庞伽来媲美。他在世时一直在纯数学和理论物理学发展的主流之间建立生动的联系。

——戴森（Freeman J. Dyson），普林斯顿高等研究院教授

外尔的特点是具有对美的鉴赏力，这决定着他对一切问题的思考……他对自然界具有终极的美有着深刻的信念，因而他认为，自然界中的规律必然地应该用数学上美丽的形式表达出来。

——戴森,普林斯顿高等研究院教授

本书列入"十四五"国家重点图书出版规划

科学元典丛书

The Series of the Great Classics in Science

主　　编　任定成

执行主编　周雁翎

策　　划　周雁翎

丛书主持　陈　静

　　科学元典是科学史和人类文明史上划时代的丰碑，是人类文化的优秀遗产，是历经时间考验的不朽之作。它们不仅是伟大的科学创造的结晶，而且是科学精神、科学思想和科学方法的载体，具有永恒的意义和价值。

科学元典丛书

对 称

Symmetry

［德］外尔 著　冯承天 陆继宗 译

北京大学出版社
PEKING UNIVERSITY PRESS

图书在版编目(CIP)数据

对称/（德）外尔（Hermann Weyl）著；冯承天，陆继宗译. —北京：北京大学出版社，2018.8

（科学元典丛书）

ISBN 978-7-301-29171-9

Ⅰ.①对… Ⅱ.①外…②冯…③陆… Ⅲ.①对称—研究 Ⅳ.①O1

中国版本图书馆 CIP 数据核字（2018）第 020082 号

SYMMETRY

BY Hermann Weyl

Princeton: Princeton University Press, 1952

书　　　名	对称
	DUICHEN
著作责任者	［德］外尔 著 冯承天 陆继宗 译
丛书策划	周雁翎
丛书主持	陈 静
责任编辑	唐知涵 吴卫华
标准书号	ISBN 978-7-301-29171-9
出版发行	北京大学出版社
地　　　址	北京市海淀区成府路 205 号　100871
网　　　址	http://www.pup.cn　　新浪微博：@北京大学出版社
微信公众号	科学元典（微信号：kexueyuandian）
电子信箱	zyl@pup.pku.edu.cn
电　　　话	邮购部 010-62752015　发行部 010-62750672　编辑部 010-62753056
印　刷　者	北京中科印刷有限公司
经　销　者	新华书店
	787 毫米×1092 毫米　16 开本　12.75 印张　8 插页　156 千字
	2018 年 8 月第 1 版　2023 年 6 月第 3 次印刷
定　　　价	56.00 元

弁 言

• Preface to the Series of the Great Classics in Science •

　　这套丛书中收入的著作,是自文艺复兴时期现代科学诞生以来,经过足够长的历史检验的科学经典。为了区别于时下被广泛使用的"经典"一词,我们称之为"科学元典"。

　　我们这里所说的"经典",不同于歌迷们所说的"经典",也不同于表演艺术家们朗诵的"科学经典名篇"。受歌迷欢迎的流行歌曲属于"当代经典",实际上是时尚的东西,其含义与我们所说的代表传统的经典恰恰相反。表演艺术家们朗诵的"科学经典名篇"多是表现科学家们的情感和生活态度的散文,甚至反映科学家生活的话剧台词,它们可能脍炙人口,是否属于人文领域里的经典姑且不论,但基本上没有科学内容。并非著名科学大师的一切言论或者是广为流传的作品都是科学经典。

　　这里所谓的科学元典,是指科学经典中最基本、最重要的著作,是在人类智识史和人类文明史上划时代的丰碑,是理性精神的载体,具有永恒的价值。

一

　　科学元典或者是一场深刻的科学革命的丰碑,或者是一个严密的科学体系的构架,或者是一个生机勃勃的科学领域的基石,或者是一座传播科学文明的灯塔。它们既是昔日科学成就的创造性总结,又是未来科学探索的理性依托。

哥白尼的《天体运行论》是人类历史上最具革命性的震撼心灵的著作,它向统治西方思想千余年的地心说发出了挑战,动摇了"正统宗教"学说的天文学基础。伽利略《关于托勒密和哥白尼两大世界体系的对话》以确凿的证据进一步论证了哥白尼学说,更直接地动摇了教会所庇护的托勒密学说。哈维的《心血运动论》以对人类躯体和心灵的双重关怀,满怀真挚的宗教情感,阐述了血液循环理论,推翻了同样统治西方思想千余年、被"正统宗教"所庇护的盖伦学说。笛卡儿的《几何》不仅创立了为后来诞生的微积分提供了工具的解析几何,而且折射出影响万世的思想方法论。牛顿的《自然哲学之数学原理》标志着17世纪科学革命的顶点,为后来的工业革命奠定了科学基础。分别以惠更斯的《光论》与牛顿的《光学》为代表的波动说与微粒说之间展开了长达200余年的论战。拉瓦锡在《化学基础论》中详尽论述了氧化理论,推翻了统治化学百余年之久的燃素理论,这一智识壮举被公认为历史上最自觉的科学革命。道尔顿的《化学哲学新体系》奠定了物质结构理论的基础,开创了科学中的新时代,使19世纪的化学家们有计划地向未知领域前进。傅立叶的《热的解析理论》以其对热传导问题的精湛处理,突破了牛顿的《自然哲学之数学原理》所规定的理论力学范围,开创了数学物理学的崭新领域。达尔文《物种起源》中的进化论思想不仅在生物学发展到分子水平的今天仍然是科学家们阐释的对象,而且100多年来几乎在科学、社会和人文的所有领域都在施展它有形和无形的影响。《基因论》揭示了孟德尔式遗传性状传递机理的物质基础,把生命科学推进到基因水平。爱因斯坦的《狭义与广义相对论浅说》和薛定谔的《关于波动力学的四次演讲》分别阐述了物质世界在高速和微观领域的运动规律,完全改变了自牛顿以来的世界观。魏格纳的《海陆的起源》提出了大陆漂移的猜想,为当代地球科学提供了新的发展基点。维纳的《控制论》揭示了控制系统的反馈过程,普里戈金的《从存在到演化》发现了系统可能从原来无序向新的有序态转化的机制,二者的思想在今天的影响已经远远超越了自然科学领域,影响到经济学、社会学、政治学等领域。

科学元典的永恒魅力令后人特别是后来的思想家为之倾倒。欧几里得的《几何原本》以手抄本形式流传了1800余年,又以印刷本用各种文字出了1000版以上。阿基米德写了大量的科学著作,达·芬奇把他当作偶像崇拜,热切搜求他的手稿。伽利略以他的继承人自居。莱布尼兹则说,了解他的人对后代杰出人物的成就就不会那么赞赏了。为捍卫《天体运行论》中的学说,布鲁诺被教会处以火刑。伽利略因为其《关于托勒密和哥白尼两大世界体系的对话》一书,遭教会的终身监禁,备受折磨。伽利略说吉尔伯特的《论磁》一书伟大得令人嫉妒。拉普拉斯说,牛顿的《自然哲学之数学原理》揭示了宇宙的最伟大定律,它将永远成为深邃智慧的纪念碑。拉瓦锡在他的《化学基础论》出版后5年被法国革命法庭处死,传说拉格朗日悲愤地说,砍掉这颗头颅只要一瞬间,再长出这样的头颅 100 年也不够。《化学哲学新体系》的作者道尔顿应邀访法,当他走进法国科学院会议厅时,院长和全体院士起立致敬,得到拿破仑未曾享有的殊荣。傅立叶在《热的解析理论》中阐述的强有力的数学工具深深影响了整个现代物理学,推动数学分析的发展达一个多世纪,麦克斯韦称赞该书是"一首美妙的诗"。当人们咒骂《物种起源》是"魔鬼的经典""禽兽的哲学"的时候,赫胥黎甘做"达尔文的斗犬",挺身捍卫进化论,撰写了《进化论与伦理学》和《人类在自然界的位置》,阐发达尔文的学说。经过严复的译述,赫胥黎的著作成为维新领袖、辛亥精英、"五四"斗士改造中国的思想武器。爱因斯坦说法拉第在《电学实验研究》中论证的磁场和电场的思想是自牛顿以来物理学基础所经历的最深刻变化。

在科学元典里,有讲述不完的传奇故事,有颠覆思想的心智波涛,有激动人心的理性思考,有万世不竭的精神甘泉。

二

按照科学计量学先驱普赖斯等人的研究,现代科学文献在多数时间里呈指数增长趋势。现代科学界,相当多的科学文献发表之后,并没有任何人引用。就是一时被引用过的科学文献,很多没过多久就被新的文献所淹没了。科学注重的是创造出新的实在知识。从这个意义上说,科学是向前看的。但是,我们也可以看到,这么多文献被淹没,也表明划时代的科学文献数量是很少的。大多数科学元典不被现代科学文献所引用,那是因为其中的知识早已成为科学中无须证明的常识了。即使这样,科学经典也会因为其中思想的恒久意义,而像人文领域里的经典一样,具有永恒的阅读价值。于是,科学经典就被一编再编、一印再印。

早期诺贝尔奖得主奥斯特瓦尔德编的物理学和化学经典丛书"精密自然科学经典"从 1889 年开始出版,后来以"奥斯特瓦尔德经典著作"为名一直在编辑出版,有资料说目前已经出版了 250 余卷。祖德霍夫编辑的"医学经典"丛书从 1910 年就开始陆续出版了。也是这一年,蒸馏器俱乐部编辑出版了 20 卷"蒸馏器俱乐部再版本"丛书,丛书中全是化学经典,这个版本甚至被化学家在 20 世纪的科学刊物上发表的论文所引用。一般把 1789 年拉瓦锡的化学革命当作现代化学诞生的标志,把 1914 年爆发的第一次世界大战称为化学家之战。奈特把反映这个时期化学的重大进展的文章编成一卷,把这个时期的其他 9 部总结性化学著作各编为一卷,辑为 10 卷"1789—1914 年的化学发展"丛书,于1998 年出版。像这样的某一科学领域的经典丛书还有很多很多。

科学领域里的经典,与人文领域里的经典一样,是经得起反复咀嚼的。两个领域里的经典一起，就可以勾勒出人类智识的发展轨迹。正因为如此，在发达国家出版的很多经典丛书中，就包含了这两个领域的重要著作。1924年起，沃尔科特开始主编一套包括人文与科学两个领域的原始文献丛书。这个计划先后得到了美国哲学协会、美国科学促进会、科学史学会、美国人类学协会、美国数学协会、美国数学学会以及美国天文学学会的支持。1925年，这套丛书中的《天文学原始文献》和《数学原始文献》出版，这两本书出版后的25年内市场情况一直很好。1950年，沃尔科特把这套丛书中的科学经典部分发展成为"科学史原始文献"丛书出版。其中有《希腊科学原始文献》《中世纪科学原始文献》和《20世纪（1900—1950年）科学原始文献》，文艺复兴至19世纪则按科学学科（天文学、数学、物理学、地质学、动物生物学以及化学诸卷）编辑出版。约翰逊、米利肯和威瑟斯庞三人主编的"大师杰作丛书"中，包括了小尼德勒编的3卷"科学大师杰作"，后者于1947年初版，后来多次重印。

在综合性的经典丛书中，影响最为广泛的当推哈钦斯和艾德勒1943年开始主持编译的"西方世界伟大著作丛书"。这套书耗资200万美元，于1952年完成。丛书根据独创性、文献价值、历史地位和现存意义等标准，选择出74位西方历史文化巨人的443部作品，加上丛书导言和综合索引，辑为54卷，篇幅2 500万单词，共32 000页。丛书中收入不少科学著作。购买丛书的不仅有"大款"和学者，而且还有屠夫、面包师和烛台匠。迄1965年，丛书已重印30次左右，此后还多次重印，任何国家稍微像样的大学图书馆都将其列入必藏图书之列。这套丛书是20世纪上半叶在美国大学兴起而后扩展到全社会的经典著作研读运动的产物。这个时期，美国一些大学的寓所、校园和酒吧里都能听到学生讨论古典佳作的声音。有的大学要求学生必须深研100多部名著，甚至在教学中不得使用最新的实验设备，而是借助历史上的科学大师所使用的方法和仪器复制品去再现划时代的著名实验。至20世纪40年代末，美国举办古典名著学习班的城市达300个，学员50 000余众。

相比之下，国人眼中的经典，往往多指人文而少有科学。一部公元前300年左右古希腊人写就的《几何原本》，从1592年到1605年的13年间先后3次汉译而未果，经17世纪初和19世纪50年代的两次努力才分别译刊出全书来。近几百年来移译的西学典籍中，成系统者甚多，但皆系人文领域。汉译科学著作，多为应景之需，所见典籍寥若晨星。借20世纪70年代末举国欢庆"科学春天"到来之良机，有好尚者发出组译出版"自然科学世界名著丛书"的呼声，但最终结果却是好尚者抱憾而终。20世纪90年代初出版的"科学名著文库"，虽使科学元典的汉译初见系统，但以10卷之小的容量投放于偌大的中国读书界，与具有悠久文化传统的泱泱大国实不相称。

我们不得不问：一个民族只重视人文经典而忽视科学经典，何以自立于当代世界民族之林呢？

三

　　科学元典是科学进一步发展的灯塔和坐标。它们标识的重大突破,往往导致的是常规科学的快速发展。在常规科学时期,人们发现的多数现象和提出的多数理论,都要用科学元典中的思想来解释。而在常规科学中发现的旧范型中看似不能得到解释的现象,其重要性往往也要通过与科学元典中的思想的比较显示出来。

　　在常规科学时期,不仅有专注于狭窄领域常规研究的科学家,也有一些从事着常规研究但又关注着科学基础、科学思想以及科学划时代变化的科学家。随着科学发展中发现的新现象,这些科学家的头脑里自然而然地就会浮现历史上相应的划时代成就。他们会对科学元典中的相应思想,重新加以诠释,以期从中得出对新现象的说明,并有可能产生新的理念。百余年来,达尔文在《物种起源》中提出的思想,被不同的人解读出不同的信息。古脊椎动物学、古人类学、进化生物学、遗传学、动物行为学、社会生物学等领域的几乎所有重大发现,都要拿出来与《物种起源》中的思想进行比较和说明。玻尔在揭示氢光谱的结构时,提出的原子结构就类似于哥白尼等人的太阳系模型。现代量子力学揭示的微观物质的波粒二象性,就是对光的波粒二象性的拓展,而爱因斯坦揭示的光的波粒二象性就是在光的波动说和粒子说的基础上,针对光电效应,提出的全新理论。而正是与光的波动说和粒子说二者的困难的比较,我们才可以看出光的波粒二象性说的意义。可以说,科学元典是时读时新的。

　　除了具体的科学思想之外,科学元典还以其方法学上的创造性而彪炳史册。这些方法学思想,永远值得后人学习和研究。当代诸多研究人的创造性的前沿领域,如认知心理学、科学哲学、人工智能、认知科学等,都涉及对科学大师的研究方法的研究。一些科学史学家以科学元典为基点,把触角延伸到科学家的信件、实验室记录、所属机构的档案等原始材料中去,揭示出许多新的历史现象。近二十多年兴起的机器发现,首先就是对科学史学家提供的材料,编制程序,在机器中重新做出历史上的伟大发现。借助于人工智能手段,人们已经在机器上重新发现了波义耳定律、开普勒行星运动第三定律,提出了燃素理论。萨伽德甚至用机器研究科学理论的竞争与接受,系统研究了拉瓦锡氧化理论、达尔文进化学说、魏格纳大陆漂移说、哥白尼日心说、牛顿力学、爱因斯坦相对论、量子论以及心理学中的行为主义和认知主义形成的革命过程和接受过程。

　　除了这些对于科学元典标识的重大科学成就中的创造力的研究之外,人们还曾经大规模地把这些成就的创造过程运用于基础教育之中。美国几十年前兴起的发现法教学,就是在这方面的尝试。近二十多年来,兴起了基础教育改革的全球浪潮,其目标就是提高学生的科学素养，改变片面灌输科学知识的状况。其中的一个重要举措，就是在教学中加强科学探究过程的理解和训练。因为，单就科学本身而言，它不仅外化为工艺、流程、技术及其产物等器物形态，直接表现为概念、定律和理论等知识形态，更深蕴于其特有的思想、观念和方法等精神形态之中。没有人怀疑，我们通过阅读今天的教科书就可以方便地学到科学元典著作中的科学知识，而且由于科学的进步，我们从现代教科书上所学的知识甚至比经典著作中的更完善。但是，教科书所提供的只是结晶状态的凝固知识，而科学本是历史的、创造的、流动的，在这历史、创造和流动过程之中，一些东西蒸发了，另一些东西积淀了，只有科学思想、科学观念和科学方法保持着永恒的活力。

然而，遗憾的是，我们的基础教育课本和不少科普读物中讲的许多科学史故事都是误讹相传的东西。比如，把血液循环的发现归于哈维，指责道尔顿提出二元化合物的元素原子数最简比是当时的错误，讲伽利略在比萨斜塔上做过落体实验，宣称牛顿提出了牛顿定律的诸数学表达式，等等。好像科学史就像网络上传播的八卦那样简单和耸人听闻。为避免这样的误讹，我们不妨读一读科学元典，看看历史上的伟人当时到底是如何思考的。

现在，我们的大学正处在席卷全球的通识教育浪潮之中。就我的理解，通识教育固然要对理工农医专业的学生开设一些人文社会科学的导论性课程，要对人文社会科学专业的学生开设一些理工农医的导论性课程，但是，我们也可以考虑适当跳出专与博、文与理的关系的思考路数，对所有专业的学生开设一些真正通而识之的综合性课程，或者倡导这样的阅读活动、讨论活动、交流活动甚至跨学科的研究活动，发掘文化遗产、分享古典智慧、继承高雅传统，把经典与前沿、传统与现代、创造与继承、现实与永恒等事关全民素质、民族命运和世界使命的问题联合起来进行思索。

我们面对不朽的理性群碑，也就是面对永恒的科学灵魂。在这些灵魂面前，我们不是要顶礼膜拜，而是要认真研习解读，读出历史的价值，读出时代的精神，把握科学的灵魂。我们要不断吸取深蕴其中的科学精神、科学思想和科学方法，并使之成为推动我们前进的伟大精神力量。

任定成

2005 年 8 月 6 日

北京大学承泽园迪吉轩

▲ 德国数学家、理论物理学家、哲学家外尔（Hermann Weyl，1885—1955）

他是20世纪上半叶最重要的数学家之一，是希尔伯特的优秀继承者，对纯数学和理论物理都有杰出贡献。

▲ 外尔出生于汉堡附近的埃尔姆斯霍恩，图为当地石荷州战争（1848—1851）纪念碑。

▲ 德国克里斯坦文理中学

该校位于汉堡市的阿尔托纳。1895—1904年，外尔就读于此。

▲ 德国数学家希尔伯特

（D.Hilbert，1862—1943）

希尔伯特是哥廷根学派的创立者，外尔的博士导师。外尔进入哥廷根大学后，就迷恋上了他的课程与著作。外尔曾这样评价希尔伯特："他所吹奏的甜蜜的芦笛声，诱惑了许多老鼠追随他跳入数学的深河。"

▲ 康德《纯粹理性批判》1781年首版扉页

外尔学识非常广博，不仅痴迷科学，也热爱文艺、哲学。上中学时，他就阅读了康德这部著作。

▲ 哥廷根大学旧大礼堂

　　1904—1908年，外尔在哥廷根与慕尼黑学习数学与物理，并于哥廷根大学取得了博士学位。两年后他取得编外讲师资格，留校任教。

Ueber die asymptotische Verteilung der Eigenwerte.

Von

Hermann Weyl, Göttingen.

Vorgelegt durch Herrn D. Hilbert in der Sitzung vom 25. Februar 1911.

　　Im folgenden teile ich einige einfache Sätze über die Eigenwerte von Integralgleichungen mit, welche namentlich deren asymptotische Verteilung betreffen. Die Anwendung der gewonnenen Resultate auf die Differentialgleichung $\varDelta u + \lambda u = 0$ (Satz X) liefert insbesondere die Lösung eines Problems, auf dessen Wichtigkeit neuerdings A. Sommerfeld (auf der Naturforscherversammlung zu Königsberg[1]) und H. A. Lorentz (in seinen hier in Göttingen zu Beginn dieses Semesters gehaltenen Vorträgen[2]) nachdrücklich hingewiesen haben.

　　Die Eigenwerte eines symmetrischen Kernes $K(s, t)$ — nur in solche Kerne handelt es sich im folgenden — bezeichne ich, indem ich sie nach der Größe ihres absoluten Betrages anordne, mit $\frac{1}{\varkappa_1}, \frac{1}{\varkappa_2}, \ldots$; in dieser Reihe soll natürlich jeder Eigenwert so oft vertreten sein, als seine Vielfachheit angibt. Die reziproken positiven Eigenwerte, gleichfalls nach ihrer Größe angeordnet, heißen $\varkappa_1, \varkappa_2, \ldots$, die negativen $\varkappa_1', \varkappa_2', \ldots$. In entsprechender Weise verwende ich $\varkappa', \varkappa''$ u. s. w. zur Bezeichnung der reziproken Eigenwerte anderer Kerne K', K'' u. s. w.

　　Meine Untersuchungen basieren auf dem folgenden

1) Physikalische Zeitschrift, Bd. XI (1910), S. 1061.
2) Physikalische Zeitschrift, Bd. XI (1910), S. 1248.

▲ 外尔1911年发表在《哥廷根皇家科学会通讯》上的文章《关于特征值的渐近分布》。

2

Table Of Contents

▲ 加塞特《大众的反叛》英文版目录

　　1913年外尔与第一任妻子海伦妮（Helene）结婚。两人在哲学与文学方面有着共同的爱好。海伦妮是一个翻译家，曾将许多西班牙语的作品译成德文，其中包括加塞特的论著。

▶ 苏黎世联邦理工大学夜景

　　爱因斯坦（A.Einstein，1879—1955）、冯·诺伊曼（John von Neumann，1903—1957）都毕业于此。1913—1930年，外尔曾在这里的数学系任教，与爱因斯坦是同事。1923年冯·诺伊曼是化学工程系的学生。外尔在苏黎世收获颇多，他的两个儿子出生在此，他本人的研究生涯也在此时达到巅峰。

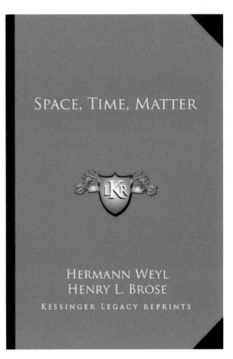

▲ 外尔的长子弗里茨（Fritz J.Weyl, 1915—1977）（左）在美国宾夕法尼亚州利哈伊大学
弗里茨继承了父亲的才志，也成了一名数学家。

▲ 外尔《空间、时间、物质》英文版封面
在苏黎世，外尔在1918年出版的《空间、时间、物质》一书中，利用张量分析提出了比爱因斯坦所得更漂亮的广义相对论的表达。

▲ 薛定谔（Erwin Schrodinger, 1887—1961）
外尔在苏黎世联邦理工大学任教时，与正在苏黎世大学任教的物理学家薛定谔也成了好友。

▲ "一战"中随军拍摄的德军摄制组
1914年，"一战"爆发后，外尔曾在德国陆军中短暂服役。

▶ 荷兰阿姆斯特丹大学艺术图书馆

荷兰数学家布劳威尔（L. E. J. Brouwer，1881—1966）对拓扑学和数学基础的研究极有成就。"一战"以后，外尔对数学基础产生了兴趣。他接受了布劳威尔的直观论，这令希尔伯特感到不安。1920年，布劳威尔试图说服外尔等一流数学家前往阿姆斯特丹大学，以建立一个与哥廷根学派相匹敌的数学中心，但外尔拒绝了。

▲ 德国数学家克莱因（F. Klein，1849—1925）

克莱因是希尔伯特的同事，正是他们二人制订了雄心勃勃的计划，使哥廷根超过巴黎，成为新的世界数学中心。1923年，外尔受邀接替克莱因的职位，但他拒绝赴任。原因可能是他认为应暂时和希尔伯特保持一定距离。外尔虽才华横溢，内心却缺乏安全感。这不是他第一次拒绝外界的聘请，也不是最后一次。

▲ 克莱因瓶

设想瓶子底部有一个洞，将瓶子的颈部拉长并加以扭曲，使它进入瓶子内部（在三维空间中这是不能实现的），然后和底部的洞相连接。这就是克莱因提出的不定向拓扑空间，即没有内外之分的空间。

◀ 普林斯顿大学秋景

1928—1929年，外尔曾利用假期离开苏黎世，来到普林斯顿大学。这里给他留下了良好的印象。1933年，为了逃离纳粹阴影，他接受了新成立的普林斯顿高等研究院的聘约，成为该院第一批三个研究成员之一（另两人是爱因斯坦和冯·诺伊曼）。

▲ 外尔《群论与量子力学》英文版封面

1928年外尔出版了《群论与量子力学》一书，这是一本把群论应用于量子力学的里程碑式著作。

▲ 1930年外尔在哥廷根

1930年希尔伯特退休，外尔回到哥廷根接替他的教职。这次回归，外尔经历了几番挣扎。当他回到哥廷根大学时，他说："我已然回归，因为我不想与青年失去联系，以致晚年渐衰而深陷孤寂。"

▲ 外尔的签名

▼ 哥廷根大学数学研究所

由洛克菲勒基金会赞助，1929年12月由希尔伯特和柯朗（R.Courant，1888—1972）建立。在希尔伯特等人的努力下，哥廷根一度成为世界数学中心，聚集了希尔伯特、柯朗、外尔、诺特（E.Noether，1882—1935）、冯·诺伊曼等世界一流数学家，吸引了来自世界各地的优秀数学才子。其中，包括来自中国的曾炯之、朱公谨、魏嗣銮。1933年纳粹驱逐犹太人以后，外尔曾代替柯朗短暂主持过哥廷根数学研究所的工作。

▲ 普林斯顿高等研究院

　　希特勒迫害犹太人时，美国新泽西州普林斯顿高等研究院正在筹建，于是外尔和爱因斯坦都受邀来此。外尔在此工作直到1951年退休。1933年初，考虑到离开德国将会影响他此后的整个人生，外尔一度拒绝了普林斯顿的聘约，但随着政治形势急剧恶化，他最终接受了聘约。外尔等人的到来，使得世界数学中心从哥廷根转移到了普林斯顿。

▲ 苏黎世利马特河风光

1948年外尔的妻子海伦妮去世。两年后，外尔与来自苏黎世的艾伦（Ellen）结婚。此后，他们每年都有一半时间在艾伦的家乡度过。1955年12月9日，刚刚过完70岁生日的外尔心脏病突发去世。

▲ 晚年的外尔与好友、德国数学家佩施尔（E.Peschl，1906—1986）

▲ 普林斯顿公墓

普林斯顿公墓有"美国的威斯敏斯特"之称，这里埋葬了大量美国名人。外尔去世后被火化，1999年其骨灰被安置在普林斯顿公墓，他的次子迈克（Michael）的遗体被安置在同一座龛室内。

目　录

团藻是一个对称的微观绿色淡水藻球。

导　　读

冯承天　　陆继宗

（上海师范大学物理系教授）

· Introduction to Chinese Version ·

> 对称性一词在日常用语中有两种含义。一种含义是，对称的（symmetric）即意味着是非常匀称和协调的；而对称性（symmetry）则表示结合成整体的好几部分之间所具有的那种和谐性。
>
> ——外尔

关于外尔

2015年诺贝尔物理学奖颁发给了发现中微子振荡现象的日本物理学家梶田隆章(Takaaki Kajita,1959—　)和加拿大物理学家亚瑟·麦克唐纳(Arthur McDonald,1943—　)。同年12月11日英国物理学会主办的《物理世界》(*Physics World*)公布"2015年十大突破",其中有一项是关于在锇基材料中发现外尔-费米子的。这两件事都与赫尔曼·外尔有关。想不到在他去世60年后,还会与科学新发现有如此紧密的关联。

Hermann Weyl(1885—1955)

外尔是20世纪上半叶举世闻名的数学家、理论物理学家和哲学

◀帕特农神庙

家。在数学、理论物理两大领域均有重要建树。外尔的经历颇具传奇色彩,他是数学大师希尔伯特的学生,并曾继任这位大师的讲座教授职位;他又是相对论创始人爱因斯坦多个时期的同事,与建立薛定谔方程和提出薛定谔猫佯谬的薛定谔是挚友。1933 年他与爱因斯坦、冯·诺伊曼等人同时成为美国普林斯顿高等研究院的第一批研究人员。

在外尔的众多研究中,他似乎对对称性情有独钟。当群论在 19世纪发展起来后,20 世纪初他就在拓扑群、李群和群表示论等方面做了众多出色工作。众所周知,群论是对称性的数学基础。

物理学方面,外尔在爱因斯坦创建广义相对论后不久,即于 1918年撰写了《空间、时间、物质》(*Raum*,*Zeit*,*Materie*)一书,与泡利(Wolfgang Pauli,1900—1958)撰写的《相对论》(*Theory of Relativity*)同为最早介绍相对论的两本名著。量子力学确立后不久的 1928年,他撰写了《群论和量子力学》(*Gruppentheorie und Quantenmechanik*)一书,阐述了量子力学与群论的关系。在该书中他还特别指出"(狄拉克假设)导致了在所有情形中正电和负电在本质上的等价性",指明了正负电荷,亦即正反粒子的对称性。同年外尔导出了描述零质量、自旋 1/2 粒子的相对论性波动方程——外尔方程,满足这一方程的粒子叫外尔-费米子。外尔-费米子没有质量,故它们的手性(或称手征性,粒子自旋在运动方向上的投影)是确定的。例如中微子的手性只能为左,反中微子的手性只能为右,因而它们成了破坏左右对称的罪魁祸首。中微子振荡的发现表明中微子并不是绝对零质量的,从而不再是严格意义上的外尔-费米子。因此,2015 年发现凝聚态物质中有外尔-费米子存在的意义更为重大。

外尔与对称以及对称性破坏的关系远不止此,是他第一个引入规范对称性,希望以此统一电磁和引力相互作用。虽然当时他用的实数尺度变换并不能得到正确的结论,但只要把实数的尺度变换改成虚数的位相变换,就能发展出正确的规范理论。这种理论现在已被普遍认为是描述自然界四种相互作用力的基础理论。

外尔就是这样一位与"对称"素有渊源的数学大师。

关于对称性

"对称"是日常生活中的一种常见现象。例如,我们的人体是左右对称的,北京旧皇城的布局是左右对称的,故宫和普通四合院等房屋建筑也是左右对称的,就连中文中有许多词汇也具有与对称相类似的对仗,如:东西、阴阳、黑白,等等。中国文学的体裁中,除诗、词、曲、赋等外,还有一种形式——对联,它更是体现出了一种独特的对称。我们曾见到过一副打油诗式的对联:上联为"坐北朝南吃西瓜,皮往东扔";下联是"从上至下读《左传》,书向右翻"。虽其水准尚不够登大雅之堂,却充分显示了对称之美。中国文字这种形式上的优美,几乎是任何一种外语无法表达的。不信,你把这副对联翻译成外文试试看。

"对称"是宇宙间最普遍、最重要的特性之一,近代科学表明几乎自然界的重要规律都与对称有关。远至天体的形状、运行轨道;近如人类的胚胎发育等问题无一不与对称有关联。众所周知,数学是人类从日常生活实践中抽象出来,并加以精炼和提高而形成的学科,对称现象也被提高凝练成了数学的一个分支。科学上的任何概念都是有严格定义的,对称也不例外。数学上它的严格定义是"组元的构形在其自同构变换群作用下所具有的不变性"。这个定义过于专业,不太容易理解,让我们用通俗一些的例子来加以说明。

讲一个图形是对称的,是指这个图形在某些操作下保持不变。例如:一个平面正方形绕其中心(即其两条对角线的交点)旋转 90°后是不变的,即与自身是重合的。一个平面正六边形绕其中心旋转 60°后也保持不变,而一个圆,绕其圆心旋转任何角度都是不变的,因此圆的对称程度最高,所以被古希腊的学者誉为最为完美的图形。当然这还只是一种绕中心旋转的对称,称作中心对称。还有其他的操作,如正方形绕其对角线或两边中点的连线翻转180°也是保持不变的,此时对角线或两边中点的连线是其对称轴,这种对称被称作轴对称。对正方形来说,既有中心对称,又有轴对称。以上这些都是平面(即二维空间)对称的例子,也是最简单例子。当然二维空间中的对称图形除了中心对称、轴对称之外,可能还有其他对称,如平移对称等。三维空间中也有类似的对称,不过情况就复杂得多了。

除了空间的对称,时间也有对称,如有时间平移对称、时间反演对称等。空间对称和时间对称合起来统称时空对称,它们在物理学中扮演了一个重要的角色。20世纪20年代,德国女数学家诺特证明了对称性与守恒定律的根本联系——诺特定理:一个物理系统作用量的可微对称性具有一个对应的守恒定律。简单来讲,就是一种对称性(不变性)对应一个守恒定律。例如空间的平移不变性(空间的均匀性)对应于线动量守恒;空间的转动不变性(空间的各向同性)对应于角动量守恒;时间平移不变性(时间的均匀性)对应于能量守恒。能量守恒、动量守恒、角动量守恒都是普适的守恒定律。空间的均匀性、空间的各向同性和时间的均匀性用数学来表达,就是相应的各种对称性。

在物理学中,除了时空对称性还有所谓的内禀对称性,即内部空间的对称性。例如,电荷守恒就是一维位相空间平移对称的结果。推而广之,可以这样说,自然界的所有重要规律都与某种对称性有关。自然界的四种基本相互作用都与一种特殊的对称性,即外尔首先提出的规范对称性有关。

数学上处理对称性的理论是“群论”,要把这样高深的理论与日常生活中常见的对称现象结合起来介绍,真不是一件易事。写好一本这样的科普书籍,作者必须具有两个前提条件:一是要有深厚的数学功底,二是要熟悉自然界乃至艺术领域中林林总总、丰富多彩的对称现象。由外尔这样一位与“对称”素有渊源、学术造诣又深的数学大师来撰写这样的书是最合适不过的了。《对称》(*Symmetry*)一书是根据外尔即将退休前在普林斯顿大学做的几个有关对称性的演讲,编辑而成的一本优秀科普书籍,是"一本精美的小书"(杨振宁语)。

《对称》一书简介

《对称》一书由双侧对称性,平移对称性、旋转对称性和有关的对称性,装饰对称性,晶体·对称性的一般数学概念四个部分,以及两个附录组成。

双侧对称性

双侧对称性(bilateral symmetry)就是上面提到的左右对称性,外尔举出的此种对称的第一个例子是天平。天平确实能够很好地体现出左右对称,即使在两边的重量不等、有所倾斜时,我们的潜意识中仍把天平的两臂看作是左右对称的。

接着外尔对双侧对称给出了几何上的精确描述:"一个物体,即一个空间构形,如果在关于给定平面 E 的反射下变为其自身,我们就说它关于 E 是对称的。"(参见正文图 1,下同)同时他还把它与对于一根轴的旋转对称联系了起来,于是双侧对称性指的也就是绕某一根轴旋转 180°仍变为其自身的一种性质。

外尔在这一节中大量引用了出现在无机界、有机界以及艺术领域中的左右对称实例。其中有公元前 4 世纪希腊的"祈祷的男孩"雕像(图 2);公元前 4—5 世纪两河流域苏美尔人的大量双侧对称的图案(图 3,图 4),甚至还做出"在所有古代的种族中,似乎苏美尔人特别酷爱严格的双侧对称性或纹章对称性"的结论。随后的波斯、拜占庭文明继承苏美尔人的这种偏好,也有着大量的双侧对称实例。

外尔指出，与东方艺术相对照，"西方艺术倾向于降低、放宽、修改甚至破坏严格的对称。但是不对称只在罕见的情况下才等于没有对称"。他举出的例子之一是著名的威尼斯圣马可教堂中一组拜占庭风格的浮雕圣像：中间是耶稣、两边分别是圣母玛利亚和施洗者约翰。圣母玛利亚和施洗者约翰当然不会互相构成镜像对称，不过这组浮雕圣像确实还是有些双侧对称的味道。由此外尔还引入了一个非常重要的概念——对称性破缺（broken symmetry）。这是一个非常重要的概念，在外尔去世十多年后，对称性破缺成了理论物理中的一个关键概念，几乎成为主流物理理论——标准模型——的根本。被美国物理学家、诺贝尔物理学奖得主利昂·莱德曼（Leon Max Lederman，1922—　）戏称为"上帝粒子"的希格斯玻色子（2012 年被发现）就完完全全是对称性破缺的产物。没有它，构成世界万物的所有粒子都将是零质量的，这样整个宇宙就将是没有质量的。这会是多么荒诞离奇呀！由此也可看出对称性破缺是多么举足轻重。希格斯玻色子的发现是对自然界存在对称性破缺的肯定。

在这一节中，外尔除了让广大读者见识到了艺术领域双侧对称的丰富实例，他还深刻揭示了在无机界、生物界、人体以至胚胎发育中的左右对称问题。他指出，"在无机界中，最为引人注目的对称性例子要数晶体了"。"对于 32 个几何上可能的晶（体对称性）类来说，它们中的大多数都包含双侧对称性，但是也并非它们全都包含这种对称性。当该晶类不含双侧对称性时我们就可能有所谓的对映晶体（enantio-morph crystals），它们以左旋形式和右旋形式存在，……"外尔认为这种"左旋""右旋"形式也是一种左右对称性，并且对人体有很大影响。例如，"人体含有右旋形式的葡萄糖以及左旋形式的果糖。在基因型上的这一不对称性将可怕地表现为一种被称为苯丙酮尿症的代谢病，并导致精神病。这种病人当摄入少量左旋苯基丙氨酸后，就会痉挛。但摄入右旋形式却没有这种灾难性的结果。"这样一来，就把视野扩大到了人体。

外尔还讨论了与种系发生（phylogenetic）和个体发育（ontogenesis）有关的左和右的问题，并提出了两个问题："一个动物的一个受精卵在第一次分裂为两个细胞后是否就固定了正中面，从而使得其中的一个细胞含有发育为左半边的潜力，而另一个细胞含有发育成右半边的潜力？另一个问题是，是什么决定了第一次分裂的这个平面？"接下来他引用生物界的大量实例，从理论高度回答了这两个问题。记得我们在第一次翻译《对称》时，曾向一些有关的专业人士请教过，不料大都回答说不了解或没有考虑过。想不到一个数学家居然在胚胎学方面会有如此丰富的知识和深层次的考虑。

最后，让我们用外尔对左和右的哲理性思考来结束关于双侧对称性的介绍。首先，外尔认为"左和右之间并不存在像动物的雌和雄之间或前和后两端之间的那种内在的差异和截然的相反性"。简单地说，就是要人为地选择了"左"，才能确定"右"。他还引用了莱布尼茨的术语：左和右是不可区分的。莱布尼茨认为上帝创造人时，先造一只"右"手，还是先造一只"左"手，那是没有区别的。而康德的看法却不同，如果上帝先造了一只"左"手，即使那时没有对象与之相比，这只"左"手已经具有左手的特征了。外尔认为，科学思维是站在莱布尼茨一边的。

平移对称性、旋转对称性和有关的对称性

为了帮助读者更好地阅读本节，外尔在开头就介绍了一些有关对称的数学知识，如映射、自同构等数学术语，以及群论的一些基础知识。对称的数学理论是群论，没有这方面的基础知识，是很难充分理解本书的内容的。

平移对称性、旋转对称性和双侧对称性同为几何对称性。旋转对称性我们在前面已经提到过。外尔在这里举的例子是浮士德诅咒魔鬼靡菲斯特的正五角星（图21）。绕五角星中心转过角度72°、144°、

216°、288°以及 360°(即 0°)的 5 个旋转,将使五角星转回到原来的位置;还有对于五角星中心到其 5 个顶点连线的 5 个反射也保持其位置不变。这 10 个操作构成一个描写正五角形对称性的群。

关于平移对称性,在作了数学上的一些讨论后,外尔以饰带为例做了说明。图 23 至图 25 是几个带状装饰图案。很明显,向左或向右移动这些带子的一个图案格,整个带状装饰图案是不会发生任何变化的。接着他以威尼斯总督官邸(多格斯宫)为例(图 26),举出了建筑学中的平移对称性。相信任何一个到威尼斯旅游过的人,都会对这座位于圣马可广场边上的瑰丽建筑物印象深刻、赞叹不已。在生物界也有大量的平移对称性存在,在这里"动物学家把平移对称性称为分节(metamerism)现象,……。枫树的芽枝和权枝风兰(*Angraecum distichum*)的芽枝(图 27)可以作为例子"。

"在一维时间上的等间隔重复是节律(*rhythm*)的音乐原理。"外尔又把空间的平移对称性转移到了时间上来。空间的平移对称性是建立在空间中等间隔重复的格式之上的,把这种格式转移到时间上来就形成了节律。"诗歌的韵律特色也是与此有密切关系的。"如果持有这种观点,那么上面提到的中国文学形式——对联,也具有双侧对称性的观点是有一定道理的。

装饰艺术中旋转对称性的例子也是俯拾皆是,外尔在这里列举了雅典式的花瓶(图 29)和公元前 7 世纪的爱奥尼亚派的罗德式水罐(图 30),以及古埃及的一些柱头(图 31)。其实这方面的例子在中国也是很多的,许多博物馆中展出的种类繁多的从新石器时期的陶罐到明清鼎盛时期的瓷器,都具有这种旋转对称的图案花纹。

外尔特别用意大利比萨城内神奇广场上三个世界闻名建筑物中的两个:浸礼会教堂(*Baptisterium*)和比萨斜塔,作为例子来说明建筑物中呈现出的旋转对称性。浸礼会教堂是一个圆形的建筑(图 33),"在它外部你可以辨认出 6 个水平层,其中每一层都具有不同阶数 n 的旋转对称性。若再加上比萨斜塔,这幅图就会给人以更深刻的印象。比萨斜塔有 6 个拱形柱廊,它们都具有同样高阶的旋转对称性"。顺便提一下,神奇广场上还有一个著名建筑物,虽然外尔没有提及,但其知名度并不亚于上面的两个,它就是位于比萨斜塔和浸礼会教堂之间的,传说伽利略曾在其内发现单摆周期性的天主教大教堂。

植物界和动物界中的旋转对称性更是不胜枚举。外尔列举的例子有:具有三重极点旋转对称的鸢尾花(iris)(图 35),具有八边形对称性的圆盘水母(*Discomedusa*)(图 37)。对于水母,外尔还特地引述了苏格兰生物学家汤普森在他的经典著作《论生长与形式》中对水母描述的一段话:"活水母所具有的几何对称性是如此之明显和规则,以致使人们设想在这些小生物的成长和构造中可能有一些物理学上的或力学上的要素。"

外尔还指出在有机界中频频出现的五角形对称性,在无机界的晶体中却找不到它的踪影:晶体只有 2、3、4 和 6 阶的旋转对称性。在后面的章节中外尔还指出在建筑物中五角形的例子也是罕见的,美国在第二次世界大战期间建成的五角大楼可算是世界上唯一的大型五角形建筑物。外尔在他的演讲中,调侃地说:"五角大楼规范之大和形状之奇特,为轰炸机提供了引人注目的陆上目标。"不想谶语成真,在它开工之日(1941 年 9 月 11 日)的整整 60 年后,被恐怖分子劫机撞击了。

这一节中除平移对称性、旋转对称性外还介绍了其他对称性。他给出了"一张包含全部(真旋转和非真旋转)有限群的完整的表"。所谓非真旋转,就是不仅有旋转,还包含反射。真旋转构成的有限群是循环群;包含了反射的非真旋转构成的群是二面体群,当然还有其他正多面体群。

装饰对称性

在这一节中,外尔讨论了一种特殊的几何对称性:二维情况的装饰对称性和三维情况的结晶对称性。

　　二维的装饰图案到处可见,外尔举出了浴室中的铺地瓷砖、自然界的蜂巢(图 48)、人类眼睛视网膜上的色素、玉米的排列(图 50)以及硅藻的表面(图 51),等等。这里面有一个哪些形状的图案能够铺满一个二维面的问题。

　　外尔从多方面阐明了六边形(图 49)是能够做到这一点的图形之一。补充一下,最近发现的碳同位异形体石墨烯是一种二维晶体,其上碳原子的排列也是六边形的。除平面的石墨烯外,还有柱面的碳纳米管和球面的富勒烯。碳纳米管的碳原子排列也是六边形的,因为柱面和平面本质上是相同的。而球面富勒烯的情况就不同了,尽管正六边形的瓷砖能铺满平面,但外尔指出"一个六边形的网是不可能覆盖球面的"。所以富勒烯系列中的 C_{60} 不能由单一的六边形铺满它的表面,而是由 20 个六边形和 12 个五边形铺砌成的 32 面体。它与足球相类似,故 C_{60} 也被称为足球烯。

　　虽然外尔在发现富勒烯的多年前就去世了,但他给出了一张酷似富勒烯的图形(图 55)。不过这张不是富勒烯的图,而是德国博物学家、达尔文进化论的捍卫者和传播者海克尔给出的一张辐射虫之一的含硅骨架图。这幅图看似像由一个六边形的网构成了整个球面,其实不然,其中的一些网眼不是六边形而是五边形。这与我们上面提到的富勒烯 C_{60} 情况是一致的。

　　接着外尔用向量的平移,建立起了平面点阵。有了平面点阵结构,就可以在这个框架中方便地讨论各种平面装饰图案了。外尔指出,"对于有双重无限关联的二维装饰而言,有 17 种本质上不同的对称性。在古代的装饰图案中,尤其是古埃及的饰物中,我们能找到所有这 17 个对称群的例子"。他引用了埃及的饰物(图 65)、中国的窗格(图 67,图 68)等插图来做说明,并指出如要详细地分析,就要对 17 个装饰群"作一番精准的代数描述"。不过他认为这已超出这次演讲的范围了。

晶体·对称性的一般数学概念

本节是在上节的基础上,把二维点阵推广到三维点阵,也即晶体的情况。由二维点阵可讨论各种平面装饰物,它们可以用来装饰表面、构成二维装饰艺术。虽然"艺术从未进入立体装饰物的领域,但在自然界中却有立体装饰"。自然界中的立体装饰就是晶体。

人们对晶体结构的认识,开始只是一种猜测。从一些矿石,如方解石的纹理面,猜想晶体中原子的排列是有规则的。但如何用实验来证实这种猜想呢?物理学家想到了使用光栅的光学衍射实验。晶体中原子的排列是有规则的,有规则排列的原子不就形成了一个天然的光栅吗?不过若要用光栅进行光学衍射实验,光栅的宽度必须与光的波长相匹配。可是晶体原子排列构成的光栅的宽度实在太窄了,普通光的波长都是它宽度的千倍以上,根本不可能发生相干现象。20 世纪来临前夕,伦琴发现的 X 射线,给这个实验带来了希望。如果 X 射线是一种射线(当时还不知道伦琴发现的是个什么"东西",故称之为"X")的话,那它的波长极短,与晶体原子间的距离相当,用它来照射晶体是有可能出现衍射条纹的。1912 年劳厄用 X 射线照射晶体,结果正如外尔在书中描述的那样,"这样劳厄就一箭双雕了:他既证实了晶体的点阵结构,又证明了 X 射线是短波长的光……图 69 和 70 是两张闪锌矿的劳厄照片,两者都取自劳厄的原始论文(1912 年),它们是分别沿能呈现出阶数为 4 和 3 的绕轴对称性的方向拍摄的"。由于劳厄照片并不是直观地显示出晶体的结构,外尔用图 71"给出了原子实际排列的一个三维(放大)模型的照片"。

作为立体饰物的晶体千姿百态,呈现出了丰富多彩的对称性质。外尔指出,"晶态物质的真正物理对称性,更多地是由其内部物理结构所揭示的,而不是其外形所表现的"。劳厄干涉图样反映出的晶体的原子排列结构完全证实了这一点。晶体具有很多的对称性,外尔指出

"那些是晶体中的原子排列变成它自身的叠合所构成的不连续群 Δ ……""对于群 Δ 本身,我们有 230 种不同的可能性……"这 230 种不连续群通常称作空间群,这 230 个空间群分属 32 种晶体点群和 7 大晶系和 14 种晶格类型(布拉菲格子)。在晶体学中,晶体学点群是对称操作(例如旋转、反射)的集合。这些操作以固定的中心向其他方向移动能使晶体复原,因此称为对称操作。对于一种真正的晶体(不是准晶体),点群对应的操作必须能够保持晶体的三维平移对称性。经过它的点群中任何操作之后,晶体的宏观性质依然和操作前完全相同。

外尔作为一个出色的理论物理学家,理所当然地会讨论与理论物理有关的话题。本节中他把物理上的相对性原理与对称性联系了起来。我们知道爱因斯坦就是在深入思考了相对性原理后,先后创建了狭义相对论和广义相对论的。外尔是爱因斯坦的同时代人,而且还长期共事,故对相对论非常熟。在本节中他强调了,"物理事件不只是发生在空间里,而且发生在空间和时间中。世界延伸着,它并不是一个三维而是四维连续统"。他指出,四维时空中的自同构群是洛伦兹群,并认为洛伦兹就是爱因斯坦的施洗者约翰。与相对论同为 20 世纪物理学革命的两大产物之一的量子力学,也是与对称性密切相连的,外尔指出"对称性在处理原子光谱和分子光谱时起着巨大的作用,而量子物理学原理却提供了理解这些光谱的钥匙"。

在讨论了艺术、生物学、晶体学和物理学的对称性之后,外尔转到数学上来。他认为,"数学是尤其要讨论一下的,这是因为一些本质上的概念,特别是有关群的一些基本概念,最初就是从它们在数学(特别是在代数方程理论)中的应用而发展起来的"。确实数学对于对称性来说是特别重要的,这有两方面的含义:一是对称性背后的数学理论就是群论;另一是数学中的许多理论也具有对称性。外尔从数域扩充谈到复数的引人,有了复数"能使所有的代数方程都可解"。一个一元 n 次的代数方程,不管系数是什么,它在复数域中总有 n 个解,或 n 个根。这就是高斯(在他的博士论文中证明)的代数基本定理。群论就是伽罗瓦在讨论代数方程根之间的对称性时发展起来的。

在正文的最后,外尔总结说:"对称是一个十分广泛的课题,它在艺术和自然界中均有重大意义。数学是它的根本,而且,很难再找一个更好的课题来表现数学智慧的运作。"

群论简介

数学是对称的基础,而群论则是研究对称性的必不可少的工具。《对称》一书中多个地方都有涉及群论的内容。没有一些群论的基础知识,阅读这些内容是有一定难度的,为此我们在下面对群论作一简单、通俗的介绍。

群的定义

数学上抽象群的定义极其严格,是指在一个非空集合(有限或无限个元素)中,在各元素之间建立一种运算,通常叫作"乘法",它将两个元素复合成第三个元素。如果这个集合的全部元素在这种运算下;满足如下四个公理,则称它们构成一个群 G。

1. 封闭律。此集合中的任何两个元素相乘所得的第三个元素也在这个集合中。

2. 存在一个单位元 E。单位元 E 从左边或从右边乘上此集合中的任何一个元素 A 所得结果仍是 A,即 $EA = AE = A$。

3. 存在逆元。对这个集合中的每一个元素 A 来说,都存在另一个元素 B,将这两个元素相乘所得的元素 AB 是单位元 E。元素 B 叫作元素 A 的逆元,同样 A 也是 B 的逆元,即有 $AB = BA = E$。

4. 结合律。这个集合中的任意三个元素 A、B、C 相乘,则有性质

$$(AB)C = A(BC)。$$

群的分类

群元素的个数有限的称作有限群;个数无限的称作无限群。无限群又可分为离散群和连续群。离散群的元素可排序;连续群的元素无法排序。旋转群可以是有限的(例如正五边形的对称性群);也可以是无限的(例如圆的对称性群),在《对称》中讨论得较多的就是有限的旋转群。而洛伦兹群则是连续群,所以是无限的。

在群论中,乘法交换律一般是不成立的,即对于群 G 中的任意元素 A 与 B,$AB \neq BA$。如果对于群 G 中的任意元素 A 与 B,有 $AB = BA$,则称这个群为可交换群或阿贝尔群。

群论的起源、发展及其在物理学中的应用

群的概念起源于人们对代数方程求根的研究之中。我们知道,对于一元二次方程有一个求根公式,只要在该公式中代入原方程的各个系数就能得到方程的根式解(即经过有限次的四则运算和开方运算就可以得到的解)。那么对于更高次方程有没有类似的根式解呢?这个问题长期困扰着数学家们,虽然 16 世纪意大利数学家证明了一般的三次和四次代数方程是有根式解的。但是一般五次与五次以上代数方程有无根式解的问题仍未解决。几乎过了二百年后,挪威的天才数学家阿贝尔(N. H. Abel,1802—1829)终于证明:一般五次与五次以上代数方程不存在根式解。不过有些高次方程还是可以有根式解的。那么哪些方程才可以有根式解呢?

这个问题是由 19 世纪法国天才数学家伽罗瓦解决的。他发现每个代数方程都有一个反映其特性的群(现在称之为伽罗瓦群)与之相对应,如果此群是可解群,那么此方程就有根式解;反之,就没有。他

的理论后被称作伽罗瓦理论,他所引入的群、域等概念,后来就发展成了抽象群论、域论以及近世代数。

19世纪末,俄国晶体学家费多洛夫(E. S. Fedorov,1853—1919)等人将群论方法用于晶体结构的研究,证明了空间点阵共有7大晶类和230种空间群。挪威数学家李(M. S. Lie,1842—1899)等人又发展出了连续群的李群理论。外尔本人在李群、李代数和群的表示理论等方面都有不少贡献。他的《经典群论》(*The Classical Groups*)是这方面的一本经典的权威著作。

20世纪,物理学大量运用群论来进行研究,早期对光谱项的处理就用到了群论。20世纪20年代量子力学创建后,外尔撰写《群论和量子力学》专门介绍群论在量子力学中的应用。五六十年代在基本粒子理论中也使用群论方法进行研究,如强子的SU(3)八重态分类、夸克模型,等等。在后来的规范场理论研究中,更是大量运用了群论方法,特别是李群、李代数及其表示理论。如SU(2)×U(1)弱电统一理论、SU(3)×SU(2)×U(1)标准模型和SU(5)大统一模型等。在基本粒子领域因对称性而获得诺贝尔物理学奖的大有人在,因此有人搞笑地编制了一个获得诺贝尔物理学奖的计算机循环程序:

- 100　寻找一个规范群;
- 200　构造出物理模型;
- 300　给出若干预言;
- 400　在家等电话,if等到获奖通知电话,进入500;if没有,回到100;
- 500　去斯德哥尔摩领奖。

旋转群简介

外尔在《对称》中用的最多的是空间旋转群。在介绍平移对称性和旋转对称性时,用到了二维空间的旋转群。介绍晶体·对称性的一般数学概念时,用三维空间的旋转群讨论了晶体中群论应用的一些内容。

旋转群可分成真旋转群和计入非真旋转的群两种。前者是纯粹的转动;后者包含空间反演。

二维空间的情况下,"由重复转角为 $\alpha=360°/n$ 的单独一个真旋转构成的群为循环群",式中 n 为正整数(即 α 整除 $360°$);"这些旋转与关于 n 根轴的反射一起构成的群"为二面体群,这些轴彼此相邻的夹角为 $\alpha/2$。前者用 C_n、后者用 D_n 表示:C_1 就是绕对称中心旋转 $360°$ 构成的群,其实这意味着根本没有对称性;D_1 只不过就是双侧对称性;C_2 就是旋转 $360°/2$ 构成的群,C_n 就是旋转 $360°/n$ 构成的群。二面体群 D_{2n} 就是绕对称中心旋转 $360°/n$ 与反射一起构成的群。C_n 和 D_n 组成的表(第二章式1),叫作莱昂纳多表,或达·芬奇表。

三维的情况,更为复杂,外尔在第二章的结尾处给出了"包含全部(真旋转和非真旋转)有限群的完整的表",还特地写了两个附录对此做了说明。附录Ⅰ的A部分介绍了如何确定三维空间中由真旋转构成的所有有限群。在附录Ⅰ的B部分,讨论了计入了非真旋转时的情况。

最后,作为一个例子来说明一下三维空间中的旋转满足群的四个公理:

两个旋转的复合等于另一个旋转(公理1);

零角度的旋转就是单位元(公理2);

每一个旋转都有一个唯一的逆旋转(公理3);

旋转运算满足结合律(公理4)。

所以全部旋转的集合构成了一个群。三维空间真旋转群常用 SO(3) 来表示;而三维空间中计入非真旋转的群,则记为 O(3)。

好了,我们不能在此继续喋喋不休了。要让读者们自己去欣赏《对称》这本"精美的小书"了。它酷似一盘珍馐佳肴,需要细细品尝,而且回味无穷。

序言及文献评注

· Preface and Bibliographical Remarks ·

> 不管你把对称性定义得是宽还是窄，它一直都是人们长时期以来用以理解和建立秩序、优美和完美的一种概念。
>
> ——外尔

从对称性等于各部分比例之和谐（Symmetry＝harmony of proportions）这一多少有点含混的观念出发，我在本书中首先通过对称性的几种形式，如双侧对称性、平移对称性、旋转对称性、装饰对称性和结晶对称性等，逐步展示出对称性的几何概念，最后上升到作为所有这些特殊形式基础的一般观念：组元的构形在其自同构变换群（group of automorphic transformations）作用下所具有的不变性（invariance）。我的目的有两个：一方面，展示出对称性原则在艺术以及无机界和有机界中的大量应用；另一方面，我将逐步阐明对称性观念的哲理性的数学意义。为了达到后一目的，我们必须接触有关对称性和相对性的一些概念和理论；而使正文生色不少的大量插图将帮助我们达到前一目的。

本书不只是为学者和专家们写的，我心目中的读者面要广泛得多。虽然我并不回避数学（否则就达不到我们的目的），但是为了不超过本书预定的深度，我对书中论述的大多数问题并不作详细的处理，尤其是不作完备的数学处理。1951 年 2 月，我在普林斯顿大学的瓦尼克桑讲座（Louis Clark Vanuxem Lectures）作了几次演讲。本书就是把这些演讲稍作修改，再加上了给出一些数学证明的两个附录（具体指附录 I 的 A 和 B 两部分）而编写成的。

这一领域中的其他一些书，例如耶格（F. M. Jaeger）的经典著作《关于对称原理及其在自然科学中的应用》（*Lectures on the Principle of Symmetry and its Applications in Natural Science*, Amsterdam and London, 1917），或者更近期一些的，由尼科勒（Jacque Nicolle）撰写的篇幅小得多的小册子《对称性及其应用》（*La symétrie et ses Applications*, Paris, Albin Michel, 1950），虽然涉及的内容方面都更为详尽一些，但只论述了部分题材。在汤普森（D'Arcy Thompson）的巨著

◀ 海葵径向对称

《论生长与形式》(*On Growth and Form*, New Edition, Cambridge, Engl., and New York, 1948)中,对称性只不过是一个枝节问题。施派泽(Andreas Speiser)的专著《有限阶群论》(*Theorie der Gruppen von endlicher Ordnung*, Aufl. Berlin, 1937)以及他的其他一些论著,给出了这一课题中有关美学方面和数学方面的重要梗概。汉比奇(Jay Hambidge)的《动态对称性》(*Dynamic Symmetry*, Yale University Press, 1920)只是在书名上与本书几乎相同而已。在内容上与本书最为接近的,也许是德文期刊 *Studium Generale* 1949 年 7 月号论述对称性的那一期(Vol. 2, pp. 203—278, 今后引作 *Studium Generale*)。

在本书末尾,可以找到书中插图来源的一份完整的清单。

我极其感谢普林斯顿大学出版社及其编辑们,感谢他们对出版这本小书所给予的里里外外的极大关切,我也同样感谢普林斯顿大学校方赐予我机会,使我在从高等研究院退休前有幸能作这最后一次演讲。

赫尔曼·外尔
1951 年 12 月于苏黎世

一、双侧对称性

· Part Ⅰ *Bilateral Symmetry* ·

天平具有双侧对称性，即左和右的对称性。这种对称性在高等动物（尤其是人体）结构中是很明显的。

——外尔

如果我没有搞错的话，对称性一词在日常用语中有两种含义。一种含义是，对称的（symmetric）即意味着是非常匀称和协调的；而对称性（symmetry）则表示结合成整体的好几部分之间所具有的那种和谐性。优美（beauty）是与对称性紧密相关的，例如波利克莱托斯（Polykleitos）①（写过一本论述匀称的书，其雕塑作品之和谐完美也深为古希腊人所称颂）就用过这一字眼，而后来丢勒（Albrecht Dürer，1471—1528）②仿效他为人体形态的比例制定了一套标准。[1] 就此意义来说，对称性涉及的范围绝不只限于空间中的物体。当用于声学和音乐，而不是几何对象时，它的同义词"和谐"（harmony）更能说明情况。德语中的 *Ebenmass* 一词很能表达希腊语中对称性的意思。因为像后者一样，它也有"中庸程度"这一含义，根据亚里士多德（Aristotle，公元前 384—前 322）③的《伦理学》（*Nicomachean Ethics*），这是有贤德的人在其行动中应予追求之美德。而盖仑（Galen，约 129—200）④在他的《论气质》（*De temperamentis*）一书中把它描述为一种与两个极端都等距的心灵境界（*σύμμετρον ὅπερ ἑκατέρου τῶν ἄκρων ἀπέχει*）。

天平的形象使我们能自然地联系到对称一词的第二种含义（这是近代使用对称这词所指的意思）。天平具有双侧对称性，即左和右的对称性。这种对称性在高等动物（尤其是人体）结构中是很明显的。现在这一双侧对称性是一个严格的几何概念，它不同于前面讨论过的那种含混的对称观念，是一个绝对精确的概念。一个物体，即一个空间构形，如果在关于给定平面 E 的反射下变成其自身，我们就说它关

◀枫叶

---

① 波利克莱托斯，公元前 5 世纪古希腊雕塑家。他对理想的男性古典美规定了一套标准。——译者
② 丢勒，德国油画家、版画家、雕塑家和建筑师。——译者
③ 亚里士多德，古希腊自然哲学家。——译者
④ 盖仑，古罗马医师、自然哲学家。——译者

于 E 是对称的(图 1)。取垂直于 E 的任意直线 l 以及 l 上的任意一点 p,那么此时在 l 上(在 E 的另一侧)就存在一点 p'(且只存在一点 p')与 E 有同样的距离。仅当 p 在 E 上,点 p' 才与 p 重合。关于 E 的反射是空间到其自身上的映射(mapping)$S:p-p'$,这一映射把任意点 p 变为它关于 E 的镜像 p'。每当确立了一个规则,而由此规则每一点 p 都有一个像 p' 与之对应,这就定义了一个映射。再举一个例子:例如绕一垂直轴旋转 30°,这一旋转将空间的每一个点 p 变为另一点 p',因此也定义了一个映射。如果图形在绕轴 l 的所有旋转下,仍变为其自身,那么我们就称该图形关于轴 l 有旋转对称性(rotational symmetry)。这样,双侧对称性就作为几何对称性的第一实例出现了,几何对称性针对诸如反射和旋转那样的操作。

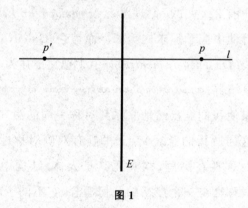

图 1

毕达哥拉斯(Pythagoras,约公元前 580—前 500)[①]学派认为,平面中的圆周、空间中的球面是最完美的几何图形,因为它们有着全部的旋转对称性。而亚里士多德认定天体是球形的,因为任何其他图形都会有损于它们作为天国的完美性。正是承袭了这一传统,在一首近代诗中[2],上帝被赞誉为"汝,伟大的对称":

> 伟哉对称是上帝,
>
> 爱欲深激于吾身,

---

① 毕达哥拉斯,古希腊数学家、哲学家。在西方,他首先提出了勾股定理。——译者

悲情同时油然生。

年华虚度日复日，

皆因方式失匀称，

祈乞赐吾完美形。

不管你把对称性定义得是宽还是窄，它一直都是人们长时期以来用以理解和建立秩序（order）、优美（beauty）和完满（perfection）的一种概念。

我的讲演安排如下：首先我将较为详尽地讨论双侧对称性和它在有机界和无机界以及艺术中的作用。然后将按我们关于旋转对称性的例子所表明的方向，逐渐推广这一概念。即首先局限在几何的范围中讨论，接着通过数学抽象过程来超越这一限界，沿着这一条道路最终使我们能得到一个非常一般性的数学概念，这可以说是在对称性的所有个别表现和应用背后的柏拉图（Plato，公元前 427—前 347）①式的观念。在某种程度上来说，这种做法具有所有理论认识的共有特征：我们从某个一般而又含混的原则（第一种意义下的对称性）开始，然后去寻找一个重要的实例，在其中我们的概念会有一个具体而精确的意义（双侧对称性），并且由此出发，主要依靠数学构造和抽象的指引（比受哲学幻想的指导要多得多），再逐渐地上升为一般性。而且，如果幸运的话，我们最终得到的概念的普适性将不会比我们原始的那个概念差。也许此时情感上的吸引力已丧失殆尽，但是这种概念在思维的领域中却具有同样的，甚至是更强的统一力量，而且它是精确无误的，而不再是含混不清的。

我们从欣赏"祈祷的男孩"（图 2），一座公元前 4 世纪的高雅的希腊雕像、艺术上的上乘之作，开始讨论双侧对称性，并以此作为一个象征让你感受到此种对称性在生命和艺术中所具有的巨大意义。人们可能会问，对称性的美学价值是否是由其生命力价值所决定的：这位

---

① 柏拉图，亚里士多德的老师。他的哲学思想对西方哲学的影响极大，主要著作有《理想国》《法律篇》等。——译者

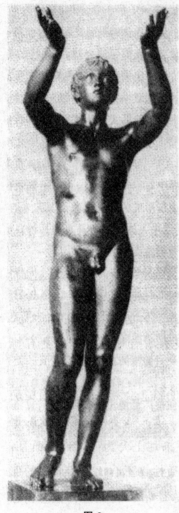

图 2

雕塑家是否发现了大自然根据某种内在的法则赋予其创造物以对称性，然后再复制和完善大自然以不完整的形式所呈现出来的那种对称性？抑或对称性的美学价值有其完全独立的根源？我和柏拉图有同感，认为数学概念是上述两者的共同起源：支配着大自然的数学定律是自然界中对称性的起源，而这一概念在这位艺术家创造性的头脑中所形成的直觉形象是其艺术起源；虽说我也乐于承认，在艺术中，人体外表所具有的那种双侧对称性已经起着一种附加的激励我们情感的作用。

在所有古代的种族中，似乎苏美尔（Sumer）[①]人特别酷爱严格的双侧对称性或纹章对称性（heraldic symmetry）。公元前 2700 年前后统治拉格什城（Lagash）[②]的恩泰梅纳王（King Entemeha）有一只著名的银花瓶，上面镌刻有下列典型的图案：一只狮面鹰正面展开双翅，它的两只爪子都抓住一只侧面的牡鹿，而后者又各受到一只雄狮的正面攻击（图 3，上图中的牡鹿，在下图中为山羊所替代）。把鹰的精确对称性推广到图中别的四足兽，显然迫使它们非得重复不可。不久之后，鹰有了两个头，各朝不同的

---

① 苏美尔，美索不达米亚南部的一个古老区域，包括一些城市和城邦，最早的一些约建于公元前 5 世纪至公元前 10 世纪。据称那里的文化在近东地区占主要地位达 1500 年之久，称为苏美尔文化。——译者

② 拉格什城，苏美尔的古城，在幼发拉底河和底格里斯河之间。即现在的伊拉克南部。——译者

方向。于是,形式上的对称性原则完全压倒了忠于自然的模仿原则。这种纹章设计随后由波斯、叙利亚仿效,后来又有拜占庭(Byzantium)[①]。而且凡是在第一次世界大战之前生活过的人都会记得沙皇俄国和奥匈帝国的盾形纹章上的那只双头鹰。

图 3

我们现在来看这一幅苏美尔人的图画(图 4)。其中的两个鹰头人几乎对称,又不完全对称。为什么并不完全对称呢?在平面几何中,关于一垂直线 l 的反射也可以通过把此平面绕轴 l 在空间中旋转 $180°$ 而得到。如果你们看这两个怪物的手臂,你们大概都会说,就是通过这一旋转,使我们能从其中的任一个得到另一个的。然而,描述它们在空间中位置的那些重叠部分,却使这一平面图形不具有双侧对称性了。但是艺术家就是追求这一对称性,他使这两个怪物各朝着观察者

---

① 拜占庭,古希腊殖民城市,公元前 7 世纪建,横跨博斯普鲁斯海峡两岸。公元 330 年罗马帝国皇帝君士坦丁迁都于此,改名为君士坦丁堡。后为东罗马帝国首都。15 世纪改名为伊斯坦布尔至今。公元 4 至公元 15 世纪在那里发展起来的艺术称拜占庭艺术。——译者

转过了半圈,同时也在足和翅膀的安排上玩了些花样:在左边的图案
中下垂的一翼为右翼,而在右边的图案中下垂的一翼为左翼。

图 4

巴比伦的圆柱形印章石上的图案设计,经常是采用纹章对称的。
我记得在我以前的同事,已故的赫茨菲尔德(Ernst Herzfeld)的收藏
中,我曾看到过一些珍品。在这些珍品中,为了对称性的缘故,由侧面
给出的并不是一个神的两个头而是双重的身体下半部,这部分有着牛
的样子,因此有四条后腿,而不是两条。在基督时代,人们在表现圣餐
的某些场面中也能看到类似的情况。例如,在一只拜占庭风格的圣餐
盘(图 5)上就有两个面对着信徒的对称的基督。但是,这里的对称性
是不完全的,而且显然要比其拘泥于形式上的含义有更多的内涵,因
为一边的基督在分面包,而另一边的基督则在斟酒。

图 5

让我们在苏美尔和拜占庭之间再插入波斯。这些珐琅质的斯芬克司(Sphinx)①(图6)取自马拉松长跑全盛时期建于苏萨(Susa)②的大流士(Darius)③王宫。越过爱琴海,在希腊的青铜时代的晚期,公元

图6

前1200年左右,我们在梯林斯(Tiryns)④的迈加龙(Megaron)⑤内找到了如图7所示的地板图案。如果你坚信历史的连续性和相依性,那么你就能把海洋生物(海豚和章鱼)的优美图案追溯到克里特岛的米诺斯文化⑥,而纹章对称性可追溯到东方的影响(我们前面的例子则受苏美尔的影响)。越过了数千年,从公元11世纪意大利托尔塞洛(Torcello)⑦拱顶建筑内的圣坛围栏饰板(图8)里,我们仍能看到同样的影响在起着作用。两只雄孔雀从葡萄树叶环抱的一口松木井中饮水,这

---

① 希腊神话中的带翼狮身女怪。传说她常叫过路行人猜谜,猜不出者即遭杀害。——译者
② 苏萨,埃兰古城,波斯帝国首都。其遗迹在伊朗西南部。——译者
③ 古波斯帝国三个国王的名字。大流士一世(公元前522—前486在位)统治时期,为阿契美尼德王朝最盛时期。——译者
④ 梯林斯,荷马前的古希腊城,遗迹在阿戈斯的伯罗奔尼撒半岛上。——译者
⑤ 迈加龙,考古学术语,指爱琴文化时期房屋建筑里的内室和大厅。——译者
⑥ 指约公元前3000年到公元前1100年,希腊南部克里特岛的青铜时代文化。——译者
⑦ 托尔塞洛,乡村名,位于威尼斯泻湖的一个同名小岛上。至中世纪初一直是一个繁荣的小镇。村内有一个用精美的镶嵌图装饰的拜占庭大教堂。——译者

是古基督时的不朽性的象征,其结构上的纹章对称性是东方特有的。

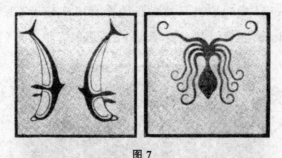

图 7

图 8

与东方艺术形成对照的西方艺术,如同生活本身一样,倾向于降低、放宽、修改,甚至破坏严格的对称。但是,不对称(asymmetry)只在罕见的情况下才等于没有对称。甚至在不对称的图像中,人们仍感觉到对称是一个准则,依此准则人们在一种要实现不匀称性质的推动力的支配下再偏离开它。我想这张取自科尔内托(Corneto)的特里克利尼姆(Triclinium)的著名的伊特鲁里亚人[1]墓中的骑士图(图 9)是很能说明问题的。前面,我已经提到过两个基督在圣餐中分发面包和斟

①　罗马帝国前,伊特鲁里亚(Etruria)古国(现在意大利境内)的居民。——译者

图 9

图 10

酒的那种表现手法。在西西里岛蒙雷阿莱（Monreale）大教堂的那幅
12 世纪的镶嵌图《基督升天》（图 10）中，玛利亚以及她两侧的两个天
使的这一组主像几乎具有完美的对称性（镶嵌图上面和下面的镶带装
饰，我们将在下一讲中讨论。）我们从拉文纳（Ravenna）①的圣阿波里奈
尔（San Apollinare）教堂②内选了一幅更早期的镶嵌图（图 11）：基督
由一群天使仪仗队围着，在这里对称原则就不再那么严格地遵守了。
例如，在蒙雷阿莱大教堂的那幅镶嵌图中，玛利亚站立着，对称地伸出
双手，两手分开手指向上，呈祈祷姿势；而基督在这里仅举起了右手。
在下面一幅图（图 12）中，不对称的地方就更多了。这是威尼斯的圣马
可（San Marco）教堂③内的一幅拜占庭风格的浮雕圣像。这是一组以
基督、圣母玛利亚和圣约翰为主题的雕像：当基督快要被宣布最后审
判时，两旁的圣者正在祷告，祈求宽恕。当然他俩是不会互相构成镜
像的；因为站在基督右边的是圣母玛利亚，而左边的则是施洗礼者约
翰。你们也会联想到对称性破缺的另一个例子：在耶稣被钉死在十
字架上时，玛利亚和传福音者约翰站在十字架两旁的那一情景。

图 11

---

① 意大利城市，以具有华丽的镶嵌图而著称。——译者
② 拉文纳市内的教堂，建于公元 6 世纪。——译者
③ 圣马可，威尼斯市内最著名的教堂。位于市中心的圣马可广场旁，与总督府邸相
邻。——译者

图 12

在这里我们显然触及了实质问题：有关双侧对称性的精确几何概念开始化为 *Ausgewogenheit*① 的，即我们开始时用的均衡图案所表示的那种含混概念。弗赖（Dagobert Frey）在"艺术中的对称性问题"[3]一文中指出："对称意味着静止和约束，不对称意味着运动和松弛；前者有秩序和规律，后者却任意和偶然；前者拘于形式上的刻板和约束，而后者有生气、有变化和有自由。"当把上帝或基督作为一种永恒的真理或正义的象征时，人们总是用对称的前视图来描绘他们的，而不采用侧面的形象。公共建筑以及礼拜堂，不管它们是希腊的寺院，还是基督教的长方形教堂和大教堂，都是双侧对称的，这也许是出于同样的原因。然而，有两个不同塔楼的哥特式大教堂[例如沙特尔（Chartres）②大教堂]确实也不少见。但是，大凡发生这种实际情况时，我们似乎都能在该教堂的历史背景中找出原因：即这两座塔楼是在不同时期建造的，人们在后期对早期的设计不再满意了，这是可以理解的。因此，我们在这里可以把它称为有历史起因的不对称性。在有镜面（不管这是反射自然景色的湖面，还是妇女梳妆用的玻璃镜子）的地方，便有镜像出现。画家和大自然都利用这一主题。我想你们一

① 德语，指平衡性、均衡性。——译者
② 法国城市，在巴黎西南方。——译者

定会很容易回想起一些例子来。我最熟悉的是贺德勒（Hodler,
1853—1918）[1]的那幅画《席尔瓦普拉那湖》(*Lake of Silvaplana*)，因
为我在书房中天天欣赏它。

在我们快要从艺术领域转向自然界以前，让我们再耽搁几分钟先
来考虑一下人们所谓的左和右的数学哲理是什么。对于有科学头脑
的人来说，左和右之间并不存在，举例来说，像动物的雌和雄之间或前
和后两端之间的那种内在的差异和截然的相反性。需要有一个人为
的选择才能确定什么是左、什么是右。但是，一旦对某一个对象作了
这样的选择之后，其他对象的左和右也就随之确定了。我还要把这一
点尽量说清楚一些。在空间中，左和右的区别是与螺旋的转向有关
的。如果你说到向左旋转，那你指的是：你的旋转方向以及在你身上
从足到头的朝上的方向两者结合起来组成一个左螺旋。[2] 地球绕其自
南极到北极为正方向的轴作周日自转是一个左螺旋。如果把该轴的
方向颠倒一下，它则变为一个右螺旋。某些被称为具有旋光性的结晶
物质，通过它们的偏振光的偏振面会向左旋转或者向右旋转，这就暴
露了它们内在结构上存在着不对称性。当然，这里我们指的是，偏振
面的旋转方向与光的确定的传播方向组成一个左螺旋（或一个右螺
旋，视情况而定）。因此，刚才我们说到左右之间没有内在的差异，以
及现在再用莱布尼茨（Gottfried Wilhelm Leibniz, 1646—1716）[3]的术
语——左和右是不可区分的——重复一下的时候，我们所想表达的意
思是：空间的内在结构使我们（除了作为人为的规定外）不能把一个
左螺旋和一个右螺旋区分开来。

我想把这一基本概念再讲得清楚一些，因为整个相对性（它只不
过是对称性的另一方面）理论是建立在这一概念上的。依照欧几里得

---

① 贺德勒，瑞士画家。——译者
② 这里的左螺旋和右螺旋的定义与通常数学中的不同，而与左旋偏振光和右旋偏振光的
相同。——译者
③ 莱布尼茨，德国著名物理学家、数学家、哲学家，与牛顿一起并称微积分的创始人。——
译者

（Euclid，约公元前 330—前 275）①的做法，我们可以用点之间的一系列基本关系来描述空间的结构，诸如 ABC 位于一直线上，ABCD 位于一平面中，AB 与 CD 叠合等（图 13）。描述空间结构的最佳方法也许是亥姆霍兹（Hermann von Helmholtz，1821—1894）②所采用的方法：只用图形叠合（congruence）这个概念。空间的一个映射 S 对其中每一点 p 给出它的象点 p′：p → p′。一对映射 S，S′：p → p′，p′ → p，若其中一个是另一个的逆映射（即 S 将 p 映为 p′，而 S′将p′映回到p，反之亦然），则我们把它们称为一双一对一的映射或变换（transformations）。数学家把能保持空间结构的变换——如果我们按亥姆霍兹的方式来定义空间的结构，这就意味着该变换将任意两个叠合图形映为两个叠合图形——称为自同构（automorphism）。莱布尼茨早已清楚地认识到，这是相似性（similarity）这一几何概念所依据的思想。自同构将一个图形映为另一个图形，用莱布尼茨的话来说，就是："如果把这两个图形各自单独考虑的话，那么后者与前者是不可区分的。"于是，我们说左和右实质上是相同的，指的就是下列事实：平面中的反射是一个自同构。

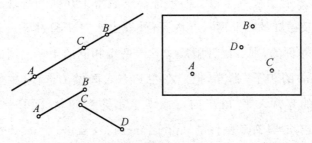

图 13

空间本身是用几何学来研究的。但是，空间也是所有物理现象发生的场所。物理世界的结构是由自然界的一般规律揭示的，而这些规律又是借助于某些作为空间和时间函数的基本量用公式来表达的。

---

① 欧几里得，古希腊数学家，著有《几何原本》13 卷。——译者
② 亥姆霍兹，著名德国物理学家、生理学家。对物理学，特别是热学贡献很大。——译者

如果这些规律在反射下并不是完全不变的话，那么用一种比喻性的说法，我们就可以断言：空间的物理结构"包含一个螺旋"。如果把一个磁针与一根载有确定方向的电流的通电导线平行悬挂（图 14），那么磁针就会以一定的方向（向左或向右）偏转。

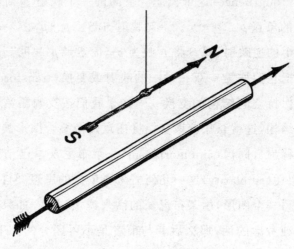

图 14

马赫（Ernst Mach，1838—1916）[1]说过，当他在少年时代得知这一事实时，他理智上受到了极大的震惊。既然整个几何和物理的组态包括电流以及磁针的南北两极在内，就外表看来对于通过导线和磁针的平面 E 是对称的，那么磁针就应像处于两堆相同的干草之间的布里丹（J. Buridan）的驴子[2]那样，拒绝在左和右之间做出选择；犹如两侧有相同重量的等臂天平，既不向左倾斜也不向右倾斜，而只保持水平。但是，外表有时是有欺骗性的（appearances are some times deceptive）。少年马赫的困惑在于，他对电流以及磁针的南北两极在关于 E 的反射下的结果下了过于仓促的结论：尽管我们可由演绎知道几何量在反

---

① 马赫，奥地利物理学家、哲学家。经验批判主义的创始人之一。——译者
② 相传为 14 世纪法国哲学家布里丹的一则寓言中的一头驴子。它处于两堆相同的干草之间，由于感到没有能力决定选择哪一堆，终于饿死在草堆之间。见下注所引书中的附注。——译者

射下的变化如何,但是我们只能通过自然界才能确认物理量在反射下的行为如何。对此,我们所发现的情况是:在关于 E 的反射下,电流的方向不变,而南北磁极却互换了。这一办法使我们重新确定了左和右的等价性。当然这一出路之所以可行,只是因为两个磁极在本质上是一样的。当人们查明磁针的磁性是起源于绕磁针方向环流的分子电流以后,一切疑云都驱散了;在关于平面 E 的反射下,这种电流显然改变了它们的流动方向。

因此,最终的结果就是:在全部的物理学中,没有任何迹象表明在左和右之间存在着内在的差异。[1] 正如空间中的所有点和所有方向都是等价的,左和右也是等价的。位置、方向、左右都是相对的概念。有关相对性(relativity)的这一问题,莱布尼茨和充当牛顿(Newton)代言人的克拉克(Clarke)牧师在一次著名的论战中曾以带有神学色彩的语言充分辩论过。[4]信赖绝对空间和时间的牛顿认为,运动证明了万物是由上帝凭意旨创造的;否则的话,物质为什么会沿着这个方向运动,而不是沿着任一其他方向运动这一问题就难以解释了。莱布尼茨不喜欢把这些缺乏"充分理由"的决定压在上帝身上。他说:"在空间是某种独立存在的东西的假定下,就不可能给出一个理由来说明上帝为何(在不搞乱它们彼此之间的距离和相对位置的前提下)把这些天体恰好放在这些特别的位置上,而不是放在另一些地方;例如,为何上帝不颠倒一下东和西,把所有的物体以相反的次序排列出来?另一方面,如果空间只不过是事物之间的空间上的次序和关系,那么上面所想象的两种状态(实际上的,及由其颠倒而产生的)就绝不会彼此有所不同……所以,询问为什么一个状态要比另一个状态更为优先,这个问题就变得完全不可接受了。"康德(Kant,1724—1804)[2]深入思考

---

① 外尔这里所做的关于在左和右之间不存在内在的差异,以及后面所做的关于正、负电荷的等价性和时间反演不变性的论述,随着物理学中所谓宇称不守恒(1957 年)和 CP 不守恒(1963 年)的发现,已不再绝对正确。请参阅杨振宁著《基本粒子发现简史》,杨振玉等译,上海科学技术出版社,1963 年。——译者

② 康德,德国哲学家,德国古典哲学的创始人。——译者

了左和右的问题,第一个得出了把空间和时间作为直觉形式的观念。[5]康德的见解大致如下:如果上帝的最初造物行动是造了一个左手,那么这只手就是在没有对象与之相比的那一时期也具有左手的特征。这种特征只能在直觉上领悟,而永远不能从概念上理解。莱布尼茨持有不同见解:如果上帝先造一只"右"手,而不是一只"左"手,那么依他看来,那应是没有区别的。人们必须再进一步跟随创世过程,直到有差异产生。假如上帝不是先造一只左手,然后再造一只右手,而是开始先造一只右手,接着再造一只右手,那么此时因为产生了一只与先前造的品种有相同取向,而不是相反取向的手,上帝就在他的第二次造物行动中(而不是在第一次行动中)改变了他的创世计划。

科学思维(scientific thinking)是站在莱布尼茨一边的,而想象思维(mythical thinking)却总是持相反观点的:把右和左作为诸如善与恶这样一些极端对立面的象征时,就表明了这一点。想象一下"right"①一词本身就有两种意义,也就足以说明问题了。图15是米开朗琪罗(Michelangelo,1475—1564)②在西斯廷教堂天花板所做的著名天顶画《上帝创造亚当》(*Creation of Adam*)中的一个细部。画中上帝的右手在右边接触到亚当的左手,并给予亚当以生命。

图 15

---

① 英语,意为"右",又可作"正确"解。——译者
② 米开朗琪罗,意大利文艺复兴盛期的雕塑家、画家、建筑师和诗人。——译者

人们用右手握手。sinister[①] 一词的拉丁语词源有"左边的"意思。在纹章学中,人们提到盾形徽章的左边时,仍用这一词来表达。但是 sinistrum[②] 同时也指邪恶的东西,在通常的英语中,只有这一拉丁词的这一个比喻含义还幸存着。[6] 与耶稣一起钉死在十字架上的两个歹徒中,只有钉在耶稣右边的那个才与耶稣一起升天去了天国。《马太福音》第 25 章中是这样叙述最后审判的:"(他)把绵羊安置在右边,山羊在左边。于是王要向那右边的说:'你们这蒙我父赐福的,可来承受那创世以来为你们所预备的国。'……王又要向那左边的说:'你们这些被诅咒的人,离开我!进入那为魔鬼和他的使者所预备的永火里去!'"

我记得沃尔夫林(Heinrich Wölfflin)在苏黎世作的一次有关"绘画中的右和左"的讲演。这一报告经缩减后,与他的另一篇论文"拉斐尔[③]壁毯底稿中的倒置问题"[The problem of inversion(Umkehrung)in Raphael's tapistry cartoons]一起刊载在 1941 年出版的他的《艺术史沉思录》(Gedanken zur Kunstgeschichte)一书中。沃尔夫林在举了一些例子,如拉斐尔的《西斯廷圣母》(Sistine Madonna)和伦勃朗(Rembrandt,1606—1669)[④]的蚀刻画《三棵树》(Landscape with the three trees)后,企图表现绘画中的右不同于左,是另有一种心情上的价值(stimmungswert)的。几乎所有的复制方法都互换左和右,对于这种倒置,看来我们现在要比以前敏感得多。[就连伦勃朗都毫不踌躇地把左右颠倒了的蚀刻画《基督移下十字架》(Descent from the Cross)投放市场。]考虑到我们要比,譬如说 16 世纪的人们多读了一些书,这就可以提出下列假设:沃尔夫林所指出的差别是与我们从左到右的阅读习惯有关的。据我的回忆,他本人是不同意这一解释的,也不同意人们在他的讲演后的讨论中所做的许多其他心理上的解释。

---

① 英语,意为"不吉祥的""邪恶的"。——译者
② 拉丁语,作"左面的""邪恶的"解。——译者
③ 拉斐尔(1483—1520),意大利文艺复兴盛期的画家和建筑师。——译者
④ 伦勃朗,荷兰画家。——译者

所刊印出的演讲全文是以下列评述作为结束的：这问题"显然有其深刻的根源，一直可追溯深入我们感官方面的本性的那一根本点上"。就我而言，我倒并不愿意如此严肃地看待这个问题。[7]

下面我们马上就要提到某些生物学事实，在这些现象中所显示出来的左右不等价性，看来比震惊少年马赫的磁针偏转还要强得多。尽管如此，在科学中我们还一直坚持着左右等价的信念。关于过去和未来（倒转时间的方向就能将它们互换），以及关于正电荷和负电荷，同样也有着等价性的这一问题。与左右等价性相比，在这些情况中，尤其是在上述第二种情况中，也许能使我们更加清楚这一点：先验证据（a priori evidence）不足以解答这一问题，而必须查考一些经验事实（empirical facts）。诚然，过去和未来在我们意识中所起的作用应表明它们之间有着内在的差别——过去可知，且不可改变；而未来未知，且可由现在所采取的措施而改变，因而人们也指望这一区别在自然界的物理定律中有其根源。但是，那些我们可以合乎情理地自诩为确知的定律，如同在左和右的互换下是不变的一样，它们在时间反演下也是不变的。莱布尼茨把这一点搞清楚了：时间方式上（temporal modi）的过去和未来的进程是与世界的因果结构（causal structure）有关的。即使对于由量子物理学所系统阐述的精确的"波动定律"，在时间的倒流下也并不改变，但是关于因果性（causation）的这一形而上（metaphysics）概念，以及与之有关的时间单向特征，则可以借助于概率和粒子的概念，通过对这些定律的统计解释而进入物理学。我们目前所具有的物理学知识使我们对于正、负电荷的等价性或不等价性更难以确定了。要想提出正、负电荷在内禀上就不一致的物理定律看来是困难的；再则与带正电的质子相配对的负电粒子①还有待于发现。

我们扯开去作了这些半哲理性的论述；但是为了给讨论自然界中的左右对称性（left-right symmetry）奠定基础，这还是有必要的；我们

---

① 即反质子，1955 年由美国物理学家张伯伦（O. Chamberlain）和塞格雷（E. Segrè）发现。——译者

必须懂得自然界总的构造具有这种对称性。但是，我们也不能期望自然界中的任意特定物体都是完美地具有这种对称性。虽则如此，它那种普遍存在的程度着实是令人惊奇的。这必定是事出有因的，而且其原因也不难找到：平衡状态很可能是对称的。更精确地说，在能确定一个唯一的平衡状态的种种条件下，这些条件的对称性必定转移到该平衡状态中去。所以网球和星球都是球形的；如果地球不绕轴自转的话，它也将是一个球体。自转使得地球在两极处变得平坦了，不过关于此轴的旋转对称性或柱对称性则仍保持了下来。所以，需要解释的特征就不是地球形状的旋转对称性，而是对此对称性的偏离，例如像陆地和海域的不规则分布及其表面上山峦的细微皱褶所展示的。正是由于这种原因，路德维希（Wilhelm Ludwig）在他关于动物学中左右问题的专著中，几乎对在从棘皮动物起向上进化的动物界里所普遍具有的双侧对称性的起源只字不提，却洋洋大观地讨论了叠加在这一对称性背景上的种种次要的不对称性。[8]让我们来引用他的一段话吧："人体像其他脊椎动物一样基本上也是按双侧对称性原则长成的。所有不对称的出现都是次要的特征，并且影响内部器官的较为重要的不对称主要是由于肠道表面的必要增加，出现了与身体的生长不合比例而造成的，肠道长度的增加就引起了不对称的折叠和回盘。而且在种系发生的进化过程中，这些与肠道系统及其附属器官有关的最初的不对称性就带来了其他器官系统的不对称性。"大家知道，哺乳动物的心脏像一个不对称的螺丝，这在图 16 中已粗略地显示出来了。

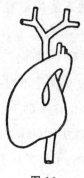

图 16

假如大自然都是遵循法则的,那么其中的每一个现象都将分享由相对性理论(theory of relativity)所表述的自然界普遍法则的完全对称性。然而情况却并非如此。光是这一点就证明了偶然性(contingency)是这个大千世界的一个根本特征。克拉克在与莱布尼茨的论战中承认后者的充分理由原则,但添加了一句:充分理由常常只不过就是上帝的意志。我认为,莱布尼茨在这里作为一个唯理论者(rationalist)是肯定错了的,而克拉克倒是对头的。与其让上帝对世间的所有荒唐事负责,还不如全然否定充分理由原则倒更为诚心诚意一些。另一方面,莱布尼茨以他对相对性原理的真知灼见批驳了牛顿和克拉克。当今我们对这个问题的认识是:自然界的法则并不能唯一的决定这一实际存在着的宇宙,甚至我们退一步把由一个自同构变换(即保持自然界的普遍法则的变换)产生的两个宇宙看成是同一宇宙也不行。

对于一团物质来说,如果其为自然法则所固有的全部对称性只受到它在现在什么位置 P 上的偶然因素所限制,那么它就会以一个球形(以 P 为中心)出现。因此,那些最低等动物,即那些悬浮在水中的小生物,大体上都是呈球形的。对于那些固定生活在海洋底部的动物的形状来说,重力的方向就是一个重要的因素,它把对称性运作的范围从环绕中心 P 的所有旋转缩小为绕一根轴的所有旋转。但是,对于那些在水中、天空中或陆地上能自己运动的动物来说,它们的身体从后向前移动的方向以及重力的方向,此时都具有决定性的影响。在前后轴、背腹轴和由此而来的左右轴决定了以后,仅仅只有左、右之间的区别还保持任意,在这一阶段就不能指望有比双侧型更高的对称性了。系统发育进化中那些导致在左与右之间引入可遗传的差别的因素,很可能为来源于动物运动器官(纤毛、肌肉以及肢翼)的双侧对称结构的优点所牵制;万一这些器官的发育是不对称的,那自然会产生螺旋状的运动,而不能直向前了。这也许有助于解释为何我们的四肢要比我们的内脏更严格地遵守对称性法则(law of symmetry)。柏拉图的《会饮篇》(*Symposium*)一书中的阿里斯托芬(Aristophanes,约公元前

446—前 385)①讲过一个球形如何会过渡到双侧对称性的奇特故事。他说，人类原先是球形的，他们的背和各侧面构成一个球面。宙斯(Zeus)②为了使他们不能再那么傲慢自得和趾高气扬，便把他们一剖为二，并叫阿波罗(Apollo)③把他们的脸和生殖器转换方向。宙斯并威胁地说："如果他们继续目空一切的话，我就要再次把他们劈开，使他们只能用一只脚去跳。"

在无机界中，最为引人注目的对称性例子要数晶体了。气态和晶态是物质存在的两个泾渭分明的状态，物理学家们发现，解释它们相对来说是容易的。而在这两个极端之间的状态，如液态和可塑态，就有点不那么顺从理论了。在气态中，分子自由地在空间中运动，彼此的位置和速度互不影响，也无规则。而在晶态中，原子在其平衡位置附近振动，好像它们彼此间有着弹性弦连接似的。这些平衡位置在空间中构成了一个有规则的固定构形。这里"有规则的"指的是什么，以及如何从有规则的原子排列推出晶体的可见对称性，我们将在后面的一讲中说明。虽然对于 32 个几何上可能的晶(体对称性)类来说，它们中的大多数都包含双侧对称性，但是也并非它们全都包含这种对称性。当该晶类不含双侧对称性时，我们就可能有所谓的对映晶体(enantiomorph crystals)，它们以左旋形式(laevo-form)和右旋形式(dextro-form)存在，其中任一种是另一种的镜像，正像左手和右手的关系那样。我们可以料想具有旋光性的物质(即可以将光偏振面向左或向右旋转的物质)是以这些不对称形式结晶的。如果在自然界中存在某种左旋形式，那么人们就会假定其右旋形式也同样存在着，而且平均来说，两者出现的频率也是一样的。1848 年，巴斯德(Louis Pasteur, 1822—1895)④发现，当无旋光性的外消旋酒石酸的铵钠盐(sodium ammonlumsalt)在较低温度下从水溶液中再结晶时，其沉积物是由两

---

① 阿里斯托芬，古希腊早期喜剧代表作家。——译者
② 希腊神话中的主神。——译者
③ 希腊神话中主管光明和青春的神，或称太阳神。——译者
④ 巴斯德，法国微生物学家、化学家，近代微生物学的奠基人。——译者

种互为镜像的微小晶体组成的。巴斯德仔细地把它们分开来,并且证明了由它们各自制备的两种酸与外消旋酒石酸都有同样的化学成分,但是其中一种是左旋光性的,而另一种是右旋光性的。巴斯德又发现后者与葡萄发酵时所产生的酒石酸是完全一致的,而前者在此以前在自然界中从未被发现过。耶格在他的演讲"关于对称原理及其在自然科学中的应用"中说:"就科学发现而论,要比巴斯德的这个发现具有更深远意义的,并不多见。"

十分明显,一些难以控制的偶然因素决定了在该溶液中的某一处形成的是左旋晶体还是右旋晶体。这样,在结晶过程中的任何时刻,以一种形式沉淀的物质的量与以另一种形式沉淀的物质的量是相等的,或非常接近相等的;这就与整个溶液的对称性特征,无旋光性特性以及与偶然性规律(law of chance)都相一致了。另一方面,大自然赐予我们的这一大为诺亚(Noah)①所赞赏的奇妙礼物——葡萄,却只能产生其中的一种形式,而另一种形式还要有待于巴斯德去创造!这确实是极为奇妙的。事实上,自然界中存在的大量含碳化合物,大多数仅是以一种(左旋或右旋)形式出现的。蜗牛壳的缠绕方向是一种可遗传的特征,是有其遗传学上的机制的,而人类(Homo sapiens)"心脏偏左"以及肠道的回盘方向也是这样的。这并不排除出现倒置,例如人肠的左右易位(situs inversus)约以百分之 0.02 的比率出现。我们下面还要回到这一点上来!我们人体更深层次的化学组成还表明,人体也有一个螺旋,一个对于所有人来说旋绕方向都相同的螺旋。因此,人体含有右旋形式的葡萄糖以及左旋形式的果糖。在这一基因型上的不对称性将可怕的表现为一种称之为苯酮尿的代谢病,并导致精神病。这种病人当摄入少量左旋苯基丙氨酸后,就会痉挛。但摄入右旋形式却没有这种灾难性的结果。我们必须把巴斯德通过细菌、霉菌、酵母及其他的酶的作用而成功地分离出物质的左旋形式和右旋形式的方法,归功于活的生物体具有不对称的化学构成。由此,他发现

---

① 基督教《圣经》中,洪水后的人类新始祖。——译者

某种原来无旋光性的外消旋酒石酸盐溶液,如果在其中长着灰绿青霉(Penicillium glaucum)的话,那么它就会逐渐变成左旋光性。显然,灰绿青霉选取了最适合其不对称化学结构的那种形式的酒石酸分子作为它的食物。于是人们就用锁和钥匙的形象化关系来比喻生物体的这种特异性(specificity)作用。

鉴于上面所说过的一些情况,以及企图仅通过化学的手段把无旋光性的物质"激活"的所有尝试都失败了[9],这就可以理解巴斯德为何要坚持产生出独一无二的旋光化合物的权利正是生命所特有的这一见解。1860年,巴斯德写道:"这也许是眼下在死物质与活物质的化学之间所仅能划出的一条明确的分界线。"巴斯德试图解释的正是他最初做过的那个实验:由于空气中的细菌对中性溶液的作用,外消旋酒石酸通过再结晶(recrystallization)变为左旋酒石酸和右旋酒石酸的混合物。今天看来,他肯定是错了。符合实际的物理解释是,在较低的温度下,有两种相反旋光性的酒石酸的混合物要比无旋光性的外消旋形式更为稳定。如果在生和死之间存在一个原则性的区别,那么这个区别并不在于物质基质的化学层次上。自 1828 年维勒(Friedrich Wöhler,1800—1882)①用纯粹的无机物质合成尿素以来,这一点已是确凿无疑的了。但是迟至 1898 年,雅普(F. R. Japp)在不列颠协会(British Association)所做的题为"立体化学和活力论"这一著名的讲演中还持有巴斯德的观点,只是表述不同而已。他说:"只有有生命的有机体,或者具有对称性概念的生物的智力才能产生这种结果(即不对称化合物)。"在这里他实际所指的是否就是巴斯德的智力,这种智力通过设计那个实验,创造了那双重的酒石酸晶体,而这又大大地震惊了其本身?雅普继续说:"只有不对称性才能产生不对称性。"这一论点的真实性,我是乐意接受的。但是,这种说法却几乎没有什么裨益,因为就产生未来世界的这一现实世界来说,在其偶然的

---

① 维勒,德国化学家。他从无机物成功地合成了有机物尿素,这不仅打破了无机物质和有机物质之间的界限,而且动摇了"生命力学说"。——译者

过去和现在的结构中是没有对称性的。

然而,这就有了一个实际的困难:在这么多的对映形式中,为什么大自然只会产生这两种成对构形中的一种,而它们又确凿无疑地起源于有生命的有机体之中? 约尔当(Pascual Jordan)把这一事实作为他的下述观点的一种支持:生命不是由一些一旦达到某一进化阶段就易于(一会儿在这儿,一会儿在那儿)连续发生的偶然事件开始的。更确切地说,是由一种以性质十分奇特并且不大可能发生的事件开始的,一旦它出乎意料地发生后,就由自催化作用的倍增而蜂拥而来。事实上,如果在植物和动物上发现的不对称蛋白质分子,在不同时间和不同地点各有其独立的起源,那么它们的左旋品种和右旋品种应显示出有几乎同样的丰度。这样,有关亚当和夏娃①的传说好像就有些真实性了,如果对于人类的起源这并不正确,那么关于原始生命形式的起源就应是这样。正是参照了这些生物学事实,我在前面才说:就其表面价值而言,它们暗示了左和右之间有一个内在的差异,至少就有机界的构成而言确实是如此。但是也许我们有把握的是,我们这个闷葫芦的解答并不会由任何一些普适的生物学定律给出,而是取决于生物世界创世的一些偶然事件。约尔当指出了一条出路;但是,人们希望找到一条并不那么激进的出路,例如把地球上栖居者的不对称性,归结为某种虽是偶然的,却是地球本身固有的不对称性,或者是地球上获得的阳光的不对称性。然而,不管是地球的自转还是地球和太阳的合成磁场,对此均无直接帮助。可以设想有另一种可能性:发展实际上是从各对映形式的一个等量分布开始的,但这是一个不稳定平衡,只要有一个微小的偶然扰动,这一平衡就会被打破。

现在让我们从有关左和右的种系发生问题(phylogenetic problems)最后转到它们的个体发育(ontogenesis)上来吧。这里有如下两个问题:一个动物的一个受精卵在第一次分裂为两个细胞后是否就固定了正中面(median plane),从而使得其中的一个细胞含有发育成

_____

① 他俩是基督教《圣经》中"人类的始祖",夏娃为亚当之妻。——译者

左半面的潜力,而另一个细胞含有发育成右半面的潜力?另一个问题是,是什么决定了第一次分裂的这个平面?我们从第二个问题着手来讨论。原生动物门以上的任何动物的卵从一开始就具有一根极轴,它连接能发育成囊胚的动物极和植物极的那两部分。这一轴连同使精子进入该卵而受精的那一点,共同确定了一个平面,而且假定这就是第一次分裂的平面倒是十分自然的。事实上,有证据表明在许多情况中确实是这样的。当前的看法似乎倾向于假定,最初的极性以及随后的双侧对称性是通过外界的因素,使遗传结构中固有的潜在可能性得以实现而产生的。在许多例子中,极轴的方向显然是由卵母(oozyte)细胞在卵巢内壁的附着确定的,而且正如我们前面所说过的,使精子进入卵而受精的那一点,至少是确定正中面的一个因素,而且常常是最有决定意义的一个因素。然而,也总还有一些其他的动因,对于这样或那样的方向的确定起着作用。对于墨角藻(Fucus)这一类海藻而言,光或电场或化学梯度决定了极轴,而在某些昆虫和头足纲动物中,正中面似乎是在受精以前由卵巢的影响确定的。[10] 关于这些动因能赖以起作用的基础背景,一些生物学家现在正在从我们至今尚未有清晰图像的预先形成的基本内部结构中去寻找。因而康克林(Conklin)谈到了海绵质框架,而其他人提到了细胞骨架,而且正如现在的生物化学家中间有一种把结构性质归结为纤维的强烈倾向,以致李约瑟(Joseph Needham)在 1936 年所做的关于"秩序与生命"(Order and Life)的特里讲座(Terry Lectures)中敢于说出了这样的警句:生物学主要是纤维的研究。人们可以期望他们发现卵的基本结构,或是由伸长的蛋白质分子的框架组成的,或是由液晶组成的。

关于我们的第一个问题,即细胞的第一次有丝分裂是否把细胞分成左和右两部分那个问题,我们知道得略为多一些。因为双侧对称性是如此基本的一种特性,以致我们似乎有足够的理由去假设情况确实如此。可是,对于这一回答我们并不能予以无保留地肯定。虽然对于正常的发育来说,这一假设应是正确的,但是我们由德里施(Hans

Driesch,1867—1941）[1]首先对海胆所进行的一些实验可知,在双细胞阶段,与它的同伴相分离的单个卵裂球会发育为一个完整的原肠胚,仅仅体形比正常的较小而已。下面是德里施的几幅有名的图(图 17)。

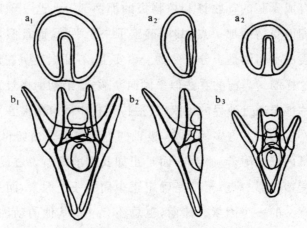

图 17　刺海胆(*Echinus*)的多潜能(pluripotence)实验

a_1 和 b_1,正常的原肠胚和正常的长腕幼虫;

a_2 和 b_2,德里施预言的半原肠胚和半长腕幼虫;

a_3 和 b_3,德里施实际得到的较小但完整的原肠胚和长腕幼虫。

必须承认,并非对所有的物种都是这样的。德里施的发现导致了卵好几个部分的实际命运与潜在命运之间的区别。德里施本人使用了"预定意义"(英语 prospective significance;德语 prospektive Bedeutung)一词,以与"预定潜能"(英语 prospective potency;德语 prospekrive Potenz)一词对比。后者比前者意义更宽,但是在发育的过程中后者的意义就变窄了。让我们再用一个两栖动物确定其肢芽的例子来阐明这一基本点。哈里森(R. G. Harrison,1870—1959)[2]曾移植了今后会发育成肢的那个芽体的外壁盘。根据他所做的实验,当移植仍可颠倒背腹轴和中侧轴时,前后轴就被确定了。因此,在这一阶段,左和右的对立仍属于这些盘的预定潜能,而且由于周围组织的影响才使

---

① 德里施,德国生物学家和哲学家。——译者

② 哈里森,美国生物学家,实验胚胎学先驱。——译者

得这一潜能得到了实现。

德里施对正常发育的猛烈破坏,证明了第一次细胞分裂可能并不是一劳永逸地固定了正在生长的生物体的左和右。然而,甚至在正常的发育中,第一次分裂而产生的平面也可能不是正中面。人们对马副蛔虫(*Ascaris megalocephala*)的细胞分裂的第一阶段已作了详细研究。它的神经系统的若干部分是不对称的。最初,受精卵分裂为一个细胞 I 和另一个显然有不同性质的较小细胞 P(图 18)。

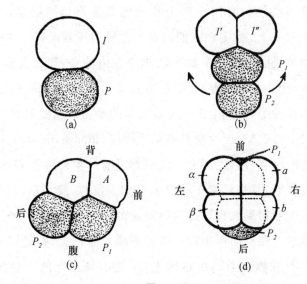

图 18

在下一阶段,它们沿着两个互相垂直的平面分别分裂为 $I'+I''$ 和 P_1+P_2。随后,柄状分裂球 P_1+P_2 扭转,使得 P_2 或与 I',或与 I'' 相接触。我们把 I' 和 I'' 两者中与 P_2 相接触的那一个称为 B,而另一个称为 A。现在我们就有了一个像长菱形那样的东西,粗略地讲,AP_2 就是前后轴,BP_1 是背腹轴。只是再下一次分裂才是决定左和右的分裂:它是沿着与 A、B 的分离面相垂直的平面进行的,并把 A 和 B 各分裂成对称的两半 $A=a+\alpha$,$B=b+\beta$。对该构形再进行一个微小的变动,就会破坏这一双侧对称性。于是产生了下列问题:这两个首先决定头部和尾部,然后再决定左方和右方的相继变动的方向是偶然事件,还是卵细胞在其单细胞阶段已在其结构中包含了一些特殊的动因,是它们确定了这些变动的方向?支持上述第二种看法的镶嵌卵(mosaic egg)假说对于蛔虫属(*Ascaris*)来说似乎是更恰当的。

我们已经知道许多基因型倒置(genotypical inversion)的实例,这里两个物种的基因构成的关系就犹如两个对映晶体的原子构成那样。然而,更为常见的却是表型倒置(phenotypical inversion)。人们中的左撇子便是一个例子。我们再来举一个更有趣的例子。甲壳纲中的几种大螯虾型动物具有两个形态和功能都各不相同的螯,一个较大(*A*),一个较小(*a*)。假定在我们讨论的物种中正常发育个体的右边的螯是 *A*。如果我们切除一个幼小动物的右边的螯,那么反向再生(inversive regeneration)就发生了:左边的螯发育成较大的形态 *A*,而在右边的螯的位置上再生出了一只形态 *a* 的小螯。从这种情况以及相类似的情况必可推知,原生质具有双重潜能(bipotentiality),即包含不对称性潜能的所有有繁殖能力的组织都具有产生两种形态的潜力,然而在正常发育下,总是只有一种形态得到了发育,或是左,或是右。虽则究竟哪一个会得到发育是由基因确定的,但是不正常的外界环境可能会引起倒置。在反向再生这一奇特现象的基础上,路德维希提出了下列假说:不对称性中的决定因素,可能不是这样的一些特定潜能(specific potencies),譬如说,"形态 *A* 右螯的发育",而是 *R* 和 *L*(右和左)的两个动因。它们以某种梯度分布在该生物体中,其中某一种的浓度从右到左逐渐减小,而另一种的浓度则沿相反方向逐渐减小。这里的要点是,不只有一个梯度场,而是有两个相反的梯度场 *R* 和 *L*。究竟哪一个能以较大的强度被产生,这是由基因构成所决定的。然而,如果占优势的动因遭到某种破坏,那么另一早先受到抑制的动因就变成主要的了。于是,倒置就发生了。我作为一个数学家,而不是生物学家,小心翼翼地转述了这些依我看来是具有高度假设性质的情况。但是,显然左和右之间的悬殊差别,是与关于生物体的种系发生以及个体发育这些最深刻的问题联系在一起的。

二、平移对称性、旋转对称性和有关的对称性

· Part II *Translatory, Rotational and Related Symmetries* ·

在它们那种弱得使人们肉眼看不出的隐蔽的光彩之中,没有一片雪花是与另一片雪花相同的。一种无穷无尽的创造力支配着一种,而且是同一种的基本结构:等边、等角六边形的形成和难以置信的千变万化。

——托马斯·曼

我们现在将从双侧对称性转向其他种类的几何对称性。即使在讨论双侧型的对称时，我也忍不住时而引入另一些像柱对称和球对称那样的对称性。看来最好先来较为精确地规定一下带根本性的总概念，而要做到这一点就需要一点数学，为此我要求你们能耐心一些。我已经谈到过变换。空间一个映射 S 使得空间中每一点 p 与它的像 p' 相对应。恒同映射 I 是这种映射的一个特例，它将每一点 p 映为它自身。给定两个映射 S、T，我们就能在施行了其中一个后再施行另一个：如果 S 将 p 映为 p'，T 将 p' 映为 p''，那么它们的复合映射（记作 ST）就将 p 映为 p''。一个映射 S 可能有一个逆映射 S'，使得 $SS'=I$ 和 $S'S=I$ 成立。换言之，如果 S 将任意点 p 映为 p'，那么 S' 将 p' 映回到 p；当先施行 S' 然后再施行 S 时，也有相同情况。在第一讲中我用了变换这个词来称呼这种一对一的映射 S，以后则用 S^{-1} 来表示它的逆映射。当然恒同映射 I 是一个变换，I 本身就是它自己的逆映射。平面反射是双侧对称性的基本操作，它有这样的性质：它的迭代 SS 给出恒同映射。换言之，平面反射是其自身的逆映射。一般来说，几个映射的复合是不可交换次序的，ST 不一定与 TS 相同。例如，在平面上取一点 O，并令 S 是一水平方向的平移，它将 O 移至 O_1，T 是绕 O 点的一个 $90°$ 旋转。于是，ST 将 O 移至点 O_2（图 19），而 TS 却将 O 移至 O_1。如果 S 是一个具有逆 S^{-1} 的变换，那么 S^{-1} 也是一个变换，且它的逆就是 S。两个变换的复合 ST 仍是一个变换，并且 $(ST)^{-1}$ 等于 $T^{-1}S^{-1}$（注意这里的次序！）。对于这个规则，虽然你们对它的数学表述也许不太熟悉，但是有关其他的你们是熟知了的。在你穿衣服时，穿着的顺序并不是无关紧要的。在穿衣时，你总是先穿衬衣后穿外套；而在脱衣时，你会遵循正好相反的顺序：先脱外套后脱衬衣。

此外我也讲过一类特殊的空间变换，即几何学家所谓的相似（变

▶蜂兰花呈现出侧对称

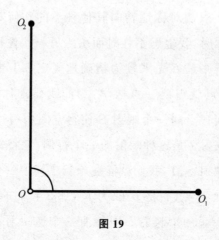

图 19

换)。但是我更喜欢把它们称为自同构,像莱布尼茨那样,把它们定义为一些保持空间结构不变的变换。就眼下而言,该结构包含些什么倒并不重要。仅从此定义来看,清楚的是:恒同变换 I 是一个自同构,而且如果 S 是自同构,那么其逆 S^{-1} 也是自同构。再者,两个自同构 S、T 的复合 ST 还是自同构。这不过是以下三点的另一种说法:(1) 每一图形与其自身相似;(2) 如果图形 F' 相似于 F,那么 F 也相似于 F';(3) 如果 F 相似于 F',而且 F' 相似于 F'',那么 F 相似于 F''。数学家们采用了群(group)这个词来描述这种情况,所以就有自同构构成一个群的说法。变换的任何总体,即变换的任何集合 Γ 只要满足下列条件就构成了一个群:(1) 恒同变换 I 属于 Γ;(2) 若 S 属于 Γ,则它的逆 S^{-1} 也属于 Γ;(3) 若 S 和 T 都属于 Γ,则其复合 ST 也属于 Γ。

牛顿和亥姆霍兹都更喜欢用来描述空间结构的一种方法,是借助于叠合概念的。所谓空间中的两个叠合部分 V 和 V',指的是同一刚体在空间中处于两个不同的位置时占有的那两部分空间。如果你将此刚体从一位置运动到另一位置,那么刚体中覆盖 V 的一点 p 处的质点经运动后将覆盖 V' 中的某点 p',因此运动的结果就是从 V 到 V' 上的映射 $p-p'$。为了能覆盖空间中的任一给定点 p,我们可以真实地扩展这一刚体,或用假想的方式来扩展这刚体。这样,叠合映射 $p \rightarrow p'$ 就能扩展到整个空间。任何这种相合变换(congruent transformation)——我之所以这样称呼它,是因为它显然有逆映射 $p' \to p$——也是相似变换或自同构。你们自己也不难确信,这一点就是从上述的一些概念得出的。而且,很明显相合变换的全体构成一个群——自同构群的一个子群。更详细一些的情况是这样的:在相似变换中,存在着一些并不改变物体大小的变换,我们现在就把这些变换称为叠合。一个叠合既可是真的(proper),即它将左螺旋变为左螺旋,将右螺旋变为右螺旋;也可是非真的(improper)或反射的(reflexive),即它将左螺旋变为右螺旋,将右螺旋变为左螺旋。真叠合就是刚才我们称之为相合变换的,即把一个刚体上的质点在运动前的位置与它在运动后的位置关联起来的那些变换。现在我们就把它们(在非运动学的几何意义上)简称为运动。根据平面中的反射(它把一物体变成它的镜像)这一最重要的例子,我们把非真叠合称为反射(reflections)。这样,我们就有了下列逐级的排列:相似 → 叠合 = 不改变尺度的相似 → 运动 = 真叠合。叠合构成了相似的一个子群,运动又构成了叠合群的一个指数为 2 的子群。指数为 2 这一定语的意义如下:如果 B 是一个给定的任意非真叠合,那么将 B 与所有可能的真叠合 S 相复合,我们便以 BS 的形式得到了所有的非真叠合。因而真叠合构成了整个叠合群中的一半,而非真叠合构成了另一半。不过,仅有前一半才形成一个群;因为两个非真叠合 A、B 的复合 AB 是一个真叠合。

保持 O 点不变的叠合,可以称为绕 O 点旋转(rotation)。因此就有真旋转和非真旋转之分。绕一给定中心 O 的所有旋转构成一个群。叠合的最简单类型是平移(translations)。一个平移可以用一个向量 $\overrightarrow{AA'}$ 表示(图 20),这是因为如果有一平移将点 A 移至 A' 以及将点 B 移至 B',那么此时 $\overrightarrow{BB'}$ 和 $\overrightarrow{AA'}$ 有相同的方向和长度,换言之,向量 $\overrightarrow{BB'}$ $=\overrightarrow{AA'}$。[1] 所有的平移构成一个群。事实上相继的两个平移 $\overrightarrow{AB}$,$\overrightarrow{BC}$ 给出平移 $\overrightarrow{AC}$。

这一切与对称性有什么关系呢?它们为定义对称性提供了一种适当的数学语言。在空间中给定一个构形 $\mathbf{F}$,空间中的那些保持 $\mathbf{F}$ 不

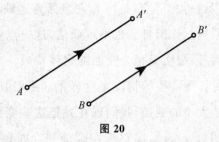

图 20

变的自同构构成了一个群 Γ,而此群精确地描述了❦所拥有的对称性。空间本身具有由对应于所有自同构、所有相似(similarities)构成的群的整个对称性。空间任意图形的对称性由此群的一个子群描述。下面我们举一例来说明。图 21 是浮士德(Faust)[①]博士用来诅咒魔鬼摩菲斯特的著名五角星。5 个绕五角星中心 O 的真旋转,将使五角星转回至其原来的位置,这些旋转所转过的角度是 $360°/5$ 的倍数(包括恒同旋转)。还有关于连接中心 O 和 5 个顶点的直线的 5 个反射也保持其位置不变。这 10 个操作构成一个群,这个群告诉我们五角星形所具有的对称性的品种。因此,要把双侧对称性自然地推广到在这一更

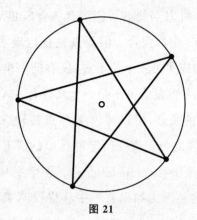

图 21

---

① 著名德国作家歌德(Goethe)根据欧洲中世纪的传说所做的诗剧《浮士德》中的主人公。他为了寻求生命的意义,在魔鬼摩菲斯特引诱下,以自己的灵魂换得它的帮助,经历了爱欲、欢乐、痛苦和神游等各个阶段和变化,于生命的最后时刻,在自然斗争中领悟到了人生的目的应是为生活和自由而战斗。——译者

广泛几何意义上的对称性，就在于用任何自同构群来代替平面中的反射。平面上以 O 为圆心的圆周和空间内以 O 为球心的球面，分别具有由所有平面或空间旋转构成的群所描述的那种对称性。

如果一个图形 𝕱 并不延伸至无穷远处，那么保持此图形不变的自同构必须是保持尺度不变的(scale-preserving)，因此是一叠合，除非此图形仅是由一个点构成的。这可以简单地证明如下。如果我们有一个保持 𝕱 不变、却改变尺度的自同构，那么此自同构或其逆应使所有的线度以某个比例 $a:1$ 增加(而不是减少)，这里 a 是一个大于 1 的数。将此自同构记作 S，并设 α,β 是图形 𝕱 中的两个不同点。它们有一取正值的距离 d。迭代变换 S，有

$$S = S^1 , SS = S^2 , SSS = S^3 , \cdots$$

n 次迭代后的变换 S^n，把 α 和 β 变到我们图形中的两点 α_n , β_n，它们之间的距离为 $d \cdot a^n$。当幂次 n 增加时，此距离将趋向无限大。但是，如果我们的图形 𝕱 是有界的，那么总存在一个数 c，使得 𝕱 中任意两点的距离都不大于 c。因此，当 n 大得使 $d \cdot a^n > c$ 时，就有矛盾了。这一论证还证明了另一件事：任意自同构的有限群全由叠合变换构成。这是因为如果它包含一个以比率 $a:1(a>1)$ 来放大线度的 S，那么包含在此群中的所有的(无限多个)迭代 $S^1 , S^2 , S^3 , \cdots$ 都将是不同的，因为它们放大的尺度 $a^1 , a^2 , a^3 , \cdots$ 都不一样。由于这些原因，我们几乎将只考虑由叠合变换组成的群，尽管我们还得和实无限(actually infinite)或潜无限(potential infinite)的构形(诸如带状饰物之类的东西)打交道。

在作了这些数学上的一般考察之后，现在让我们来着手处理几个在艺术领域和自然界中举足轻重的特殊对称群。那个定义双侧对称(镜像反射)的操作，本质上是一个一维操作。一条直线可以对它上面的任意点 O 进行反射；这一反射将点 P 映为点 P'，后者离 O 有相同距离，但却在另外一边。这样的反射是一维直线仅有的非真叠合，而其仅有的各真叠合是平移。关于 O 点的反射之后紧跟着施行一个平移 OA，则给出一个关于点 A_1 的反射，点 A_1 位于线段 OA 的中点处。一

个在平移 t 下不变的图形显示了装饰艺术中的所谓的"无限关联"(infinite rapport)，即图案以一定的空间节律(spatial rhythm)有规则地重复。如果一种花样在平移 t 下不变，那么它在迭代 $t^1, t^2, t^3, \cdots$ 下也不变，而且在恒同平移 $t^0 = I$，以及 t 的逆变换 t^{-1} 及其迭代 $t^{-1}, t^{-2}, t^{-3}, \cdots$ 之下也都不变。如果 t 平移此直线的量为 a，那么 t^n 平移的量为

$$na \quad (n = 0, \pm 1, \pm 2, \cdots)$$

因此如果我们用平移 t 所产生的移动 a 来表征它，那么我们就可用倍数 na 来表征它的迭代或幂 t^n。在这意义上来说，将直线上的一个给定的具有无限关联的花样，仍映为其自身的所有平移，就是一个基本平移 a 的倍数 na。这个周期性重复也可以与反射对称性(reflexive symmetry)结合起来。如果这样做了，那么相邻的反射中心之间的距离则为 $\frac{1}{2}a$。对于一维花样或"装饰"来说，只有图 22 所示的那两类对称性是可能的。（"×"表示反射中心。）

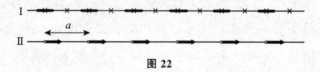

图 22

当然，实际的饰带并不是严格一维的，但是它们的对称性（就我们所描述过的而言）至今只用到了它们的纵向的那一维。这里有一些来自希腊艺术中的简单例子。第一幅图（图 23）显示了一种很常见的基本花纹——矮棕榈条，它属于第 I 类（平移＋反射）。下一幅图（图 24）是一条没有反射的花边（第 II 类）。图 25 取自苏萨的大流士王宫中的中楣，其上饰有属于纯粹平移的波斯弓箭手的图案。但是你应注意到基本的平移单元应是相邻弓箭手之间距离的两倍，因为弓箭手的服饰是交替的。我们再来看一下蒙雷阿莱大教堂中的那幅《基督升天》的镶嵌图（图 10），不过这次要请你们注意的是构成它的边框的带状装饰

图 23

图 24

图 25

图案。其中最宽的一条，以其特有的手法[其后为科斯马蒂(Cosmati)①所采纳]展示了只是由基本树状花边轮廓的重复所造成的平移对称性，而每一小树中均填有彼此不同的高度对称的二维镶嵌图案。原威尼斯总督官邸，多格斯宫(The Palace of Doges)②（图 26），可以代表建筑学中的平移对称性(translatory symmetry)。当然还可以举出无数的其他例子。

图 26

如前所述，带状装饰图案实际上是由一条环绕中心线的二维带子组成的，所以它们还有横向的一维。就其本身而论，它们还能有更进一步的对称性。图案花样还能关于中心线 l 反射而保持不变；我们将此称为纵向反射(longitudinal reflection)，以便同关于垂直于 l 的直线的横向反射(transversal reflection)相区别。图案花样或许还能在纵向反射与 $\frac{1}{2}a$ 平移的复合操作（纵向滑移反射）下不变。多股带子、绳索或某种绞辫，是带状装饰物中常见的基本花纹。它们是这样设计

---

① 12 世纪生活在罗马的一个从事建筑和雕刻的家族。他们发展了一种镶嵌式的建筑装饰风格。——译者

② 位于威尼斯圣马可广场的左侧，它的右边是圣马可教堂，左边隔开马路就是大海。——译者

的：有一股横跨在另一股的上面（因此，其中有些部分是看不见的）。如果采用了这种解释，那么就可能进行进一步的操作，例如，关于此装饰物的平面的反射就将使稍微位于该平面之上的那一股，变成在此平面之下的一股。所有这些均可用群论（group theory）来做透彻的分析，例如我在序言中提到过的施派泽著《有限阶群论》一书中就有一节专门来讨论这个问题。

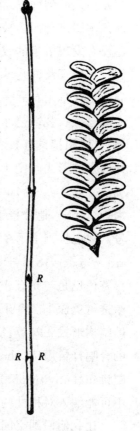

图 27

在有机界中，动物学家们把平移对称性称为分节（metamerism）现象，通常它们没有双侧对称性那样规则。枫树的芽枝和权枝风兰（*Angrae-cum distichum*）的芽枝（图 27）。[2] 在后一种情况中，平移是与纵向滑移反射同时存在的。当然该图案并不趋向于无限（带状装饰物也不是无限的），但至少在一个方向上，我们可以说它有趋向无限的潜力，因为随着时间的推移，彼此由芽相间隔着的新生部分总是能不断长出来。歌德曾说过，脊椎动物的尾巴似乎是暗示了生物在某种意义上存在的潜在无限性。图 28 所示的是一条蜈蚣，其中间部分具有非常规则的平移的、结合双侧的对称性，它的基本操作是一节平移和纵向反射。

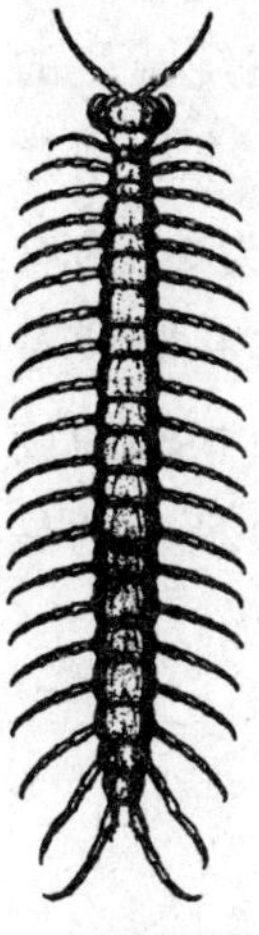

在一维时间上的等间隔重复即是节律（rhythm）的音乐原理。当一芽枝在生长时，人们可以说它把一种缓慢的时间节律（temporal rhythm）转化为一种空间节律（spatial rhythm）。反射，即时间上的反演，在音乐中的作用远非如节奏（rhythm）那么重要。如果把一段美妙的音乐倒转过来演奏，那它将面目全非。但是，对于我这个蹩脚的音乐家来说，当作曲家在谱写赋格曲时用到反射，我也是难以辨认出来的。显然，反射不像节奏那样会给人一种

图 28

出于自然而然的感觉。音乐家们全都同意,构成音乐的情感要素基础的是强烈的匀称要素。或许也能够对它进行某种数学处理,如对于装饰艺术所进行而已被证明是成功的那样。如果是这样的话,我们可能还没有发现恰当的数学工具。这是不足为奇的。因为,毕竟在数学家们发现处理装饰艺术和推导出它们可能的对称类(symmetry classes)的适当数学工具——群概念(group concept)——的四千多年前,埃及人就已擅长装饰艺术了。对于装饰艺术的群论观点很感兴趣的施派泽,也试图把具有数学特性的组合原理(combinatorial principles)应用到音乐的形式问题上来。在他的著作《数学的思考方法》(*Die mathematische Denkweise*,Zurich,1932)中就有一章以此为题作讨论。作为一个例子,他分析了贝多芬(Beethoven)的田园钢琴奏鸣曲(作品 28号),他也提到了阿尔弗雷德·洛伦兹(Alfred Lorenz)对瓦格纳(Richard Wagner,1813—1883)①的主要作品的形式结构的研究。诗歌的韵律特色也是与此有密切关系的,所以施派泽坚持说,科学在这里已经渗透得更深了。音乐和韵律的一个共同原则似乎是通常被称为小节的结构形式 *aab*:重复主题 *a*,随后是"结尾诗节"②*b*。而在古希腊戏剧的合唱抒情颂诗(ehorie lyric)中这是向左舞唱诗句(strophe),向右舞唱诗句(anti strophe)以及颂诗的第三节(epode)。但是这种模式几乎不可能纳入对称性的论题中去。[3]

让我们回到空间中的对称来,取一条带状饰物,它由以 *a* 为长度的单一图案多次重复而成,把它绕在一个圆周长是 *a* 的整数倍(譬如说 25*a*)的圆柱面上,这样你就得到了一个图案,这个图案在绕圆柱的轴作转角 α=360°/25(或其整数倍)的旋转下不变。接连转 25 次则是一个 360°的旋转,亦即恒同旋转。于是我们得到了一个阶为 25 的有限旋转群,即是由 25 个操作构成的群。我们可以用任何具有圆柱对称的表面来代替圆柱面,也就是说可以用一个在所有绕某一根轴的旋转下保持不变的面(譬如说花瓶的表面)来代替圆柱面。图 29 所示的是

① 瓦格纳,德国作曲家和文学家。——译者
② 原文 envoy,似应为 envoi。——译者

一个几何周期的雅典式花瓶[①]，它上面有好多个具有上述类型的简单装饰图案。

图 29

图 30 所示的是公元前 7 世纪爱奥尼亚派[②]的罗德式水罐,虽然其风格已不再是几何图案式的了,但是其对称原则还是一样的。古埃及的一些柱头(图 31)提供了另一些实例。任何绕平面上一点 O 的真旋转或绕空间中一给定轴的旋转所构成的任意有限群,均包含一个基本旋转 t,它所转过的角度是转动一圈 $360°$ 的整除部分 $360°/n$,且该群由这一基本旋转的迭代 $t^1, t^2, \cdots, t^{n-1}, t^n = I$ 组成。阶数 n 完全表征了这个群。这个结果是类似于下列事实而得出的:一条直线上的任意平移群是由单个平移 a 的迭代 νa 组成的($\nu = \pm1, \pm2, \cdots$),只要它除了恒同平移之外,并不包含能任意接近于恒同平移的操作。

---

① 公元前 8 世纪爱奥尼亚人在希腊的阿提卡建雅典城邦,具有这一时期风格的物品叫作雅典式的。——译者

② 爱奥尼亚系小亚细亚西岸中部的古称。约公元前 11 世纪爱奥尼亚人移居于此,是古希腊的工商业和文化中心之一。这一时期的风格叫爱奥尼亚派。——译者

图 30

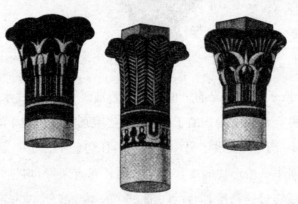

图 31

　　在突尼斯,一度曾为突尼斯土著领袖们宫殿的巴尔多(Bardo),有
一个木制的圆顶(图 32),它可以为内部建筑装饰提供一个例子。下一
幅图(图 33)把你们带去了比萨。在这里,顶上有一个看上去很小的施
洗礼者约翰塑像的浸礼会教堂(Baptisterium)是一座中心建筑,在它
的外部你们可以辨认出六个水平层,其中每一层都具有不同阶数 n 的

图 32

图 33

旋转对称性。若再加上比萨斜塔，这幅图就会给人以更深刻的印象①。比萨斜塔有六个拱形柱廊，它们都具有同样高阶数的旋转对称性。该圆顶建筑的中殿的外部饰有具有直线平移对称性的柱和中楣，而它的小圆屋顶则由具有高阶旋转对称性的柱廊围绕。

德国美因茨的罗马大教堂（图 34），从它的唱诗班席位的后部来看却给我们一种迥然不同的感受。虽然，就整体及几乎每一个细节来说，这座建筑的结构都由双侧对称性支配着，但是，小圆花窗和三座塔楼中所具有的八边形中心对称（$n=8$，要比比萨浸礼会教堂的好几层所具有的对称性的阶数低），也重复出现在一些中楣的半圆拱之中。

图 34

① 这座教堂与比萨斜塔均位于意大利比萨城的神奇广场上。广场上还有一个长方形的大教堂位于这两者之内（在图 33 的左后方可见其一角）。这三座各具特色的建筑物构成了一幅绝妙的图画。据说伽利略就是在这座大教堂里发现了单摆的运动规律，并在比萨斜塔上做了自由落体实验。——译者

二、平移对称性、旋转对称性和有关的对称性

如果完全柱对称的表面是一个垂直于该轴的平面，那么循环对称性（cyclic symmetry）就以其最简单的形式出现。这样一来，我们就只要去研究一个具有中心 O 的二维平面。哥特式教堂中那些装缀着色彩艳丽的玻璃的玫瑰花窗，为这种中心平面对称性（central plane symmetry）提供了一些极为美妙的例子。最使我难忘的是法国特鲁瓦的圣·皮埃尔教堂的圆花窗，它们一律具有以数字 3 为基础的对称性。

花卉，这天之骄子，也是以其缤纷的色彩和美妙的循环对称性而惹人喜爱的。图 35 是一张具有三重极点的鸢尾花[①]的照片。五重对称性在花卉世界里是最为常见的。下一幅图（图 36）引自海克尔（Ernst Haeckel，1834—1919）[②]的《自然界的艺术形态》（*Kunstformen der Natur*）一书，它似乎表明这种对称现象在低等动物中间也绝非是

图 35

---

① 原文 iris，有时亦作蝴蝶花解。——译者
② 海克尔，德国博物学家。——译者

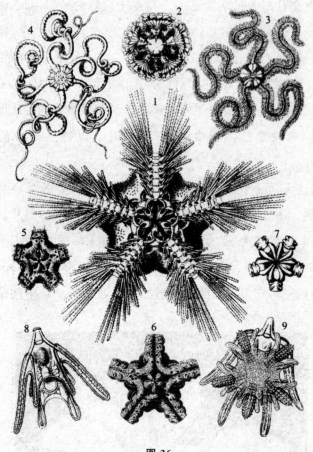

图 36

罕见的。但是，生物学家们告诫我说，这些蛇尾纲（Ophiodea）中的棘皮动物的外向的外表在某种程度上是有欺骗性的；它们的幼体是按照双侧对称的原则构成的。不过就取自同一本书的下一幅图片——具有八边形对称性（octagonal symmetry）的圆盘水母（*Discomedusa*）（图37）来说，就不会有这样的异议了。因为在系统发育进化中，腔肠动物还处在这样的阶段，那时循环对称性还未让位于双侧对称性。海克尔这一部无与伦比的著作确实是一部关于自然界中的对称性的典籍，在其中，海克尔对于生物体具体形态的兴趣，在无数幅极为精细地绘出的图画中表现了出来。生物学家海克尔在他的《挑战者号专题论集》（*Challenger Monograph*）一书中同样也展示了成千上万种生物体形

态图,其中他首次描述了 3508 种新的放射虫(radiolarians),这些都是
他在 1887 年进行的"挑战者号"考察中发现的。人们不应忘记,海克
尔的这些成就已远远超过了他作为一位达尔文主义的热心鼓吹者所
竭力做出的,而常常又是过于臆测的关于种系发生的假设,也远远超
过了他的相当肤浅的一元论唯物主义哲学(这种哲学在 19 世纪和 20
世纪交替之际,在德国曾激起一阵阵浪花)。

图 37

说到水母(*Medusae*),我禁不住要从汤普森(D'Arey Thompson,
1860—1948)[①]的经典著作《论生长与形式》(*On Growth and Form*)中

[①] 汤普森,苏格兰生物学家、数学家,数学生物学的先驱。他的名著《论生长与形式》1917
年出版。——译者

引用几句,这是英国文学中的一本名著。在这本书中,作者把几何学、物理学和生物学中的渊博学识与人文主义的学问和有非凡原创性的科学洞察力糅合在一起。汤普森报道了对那些用以通过类比来说明水母形成的悬滴进行的物理实验。他说:"活水母所具有的几何对称性是如此之明显和规则,以致使人们设想在这些小生物的成长和构造中可能有一种物理学上的或力学上的要素。首先,它有涡旋状的伞膜,并带有一个对称的柄或垂管。在这伞膜上横着 4 条或 4 的倍数条径向的管道;在其边缘以一定间隔或按渐次变化的尺寸嵌有光滑的或者常常是串珠状的触手;某些感觉器官,包括固结物即'耳石'(otolith)在内,也是对称地点缀着的。一旦成形,它就立即开始有节奏地脉动,伞膜也开始'响'起来。幼体——母体的小型复制品,很可能出现在触手上,或垂管上,或有时在伞膜的边缘上。在我们的眼前,我们似乎见到了一个涡旋产生了其他涡旋。类水母体(medusoid)的发育也值得不加偏见地从这一观点予以研究的。例如,可以肯定数枝螅(*Obelia*)的微小类水母芽体,是以一种很快的速度和一种完美的形式从母体分离出来的。这种完美性暗示了一种自动的、几乎是瞬时的构造行为,而不是一种渐进的生长过程。"

　　五角形对称性(pentagonal symmetry)在有机界中频频出现,但是在无机界的最具有完美对称性的创造物(即晶体)中,却找不到它的踪影。除了阶数为 2,3,4 和 6 的旋转对称性之外,就没有别的可能的旋转对称性了。雪花晶体提供了六角形对称性(hexagonal symmetry)的最为熟知的样本。图 38 展示了由水冻结而出现的这些小小奇迹。在我年轻的时候,每当它们在圣诞节期间从天而降,给大地披上银装之际,它们总是使得童叟皆喜的。现在只有滑雪的人才喜欢它们,而对于驾驶汽车的人来说,它们已成为一种讨厌的东西了。如果你们通晓英国文学,你们就会记起布朗(Thomas Browne,1605—1682)①爵士在他的《居鲁士大帝的花园》(*Garden of Cyrus*,1658)中对六角形对称和

---

① 布朗,英国医生和作家,其作品《爱情》一直流传至今。——译者

图 38

"梅花型"对称所做的富于奇趣的描述,这种对称"确实简洁地表明了大自然是如何按几何原理办事,并使万物遵循秩序的"。熟悉德国文学的人会想到托马斯·曼(Thomas Mann,1875—1955)[1]在他的《魔山》[4]一书中是如何描述暴风雪的"六角形的伤害"的。在这场暴风雪中,书中的男主人公汉斯·卡斯托普(Hans Castorp)几乎暴卒,当时他筋疲力尽地傍依着一个谷仓昏然入睡,正在做着爱和死的幻梦。一小时之前,当汉斯踩着滑雪板出发去从事他的毫无保障的探险时,他"正在那些令人着迷的无数小星星中"尽情地享受着雪花飞舞的乐趣。于是他说出了下面一段充满哲理的话:"在它们那种弱得使人们肉眼看不出的隐蔽的光彩之中,没有一片雪花是与另一片雪花相同的。一

---

① 托马斯·曼,德裔美籍作家,曾获 1929 年度的诺贝尔文学奖。——译者

种无穷无尽的创造力支配着一种，而且是同一种的基本结构：等边、等角六边形的形成和难以置信的千变万化。然而就每一个个体而言，它们都有着不可思议的、反有机的(antiorganic)以及无生命的共同特征——它们中的每一个都是绝对地对称，其形态是冷冰冰地固定着的。它们过于规则，因为任何适合于生命的物质终究不会有如此程度的规则性——生命的本性在此绝对精确性前战栗，感到它是致命的，它就是死亡的精髓——现在汉斯·卡斯托普感到他懂得了为什么古代建筑师要在他们的柱状结构的绝对对称性中有目的地、偷偷地塞进一些细微变化的道理。"[5]

至此，我们只考虑了真旋转。如果也要考虑非真旋转，那么对于平面几何中绕中心 O 旋转的有限群来说，我们就有下列两种可能性，它们对应于我们在直线情况时遇到过的装饰对称那两种可能性：(1)由重复转角为 $\alpha = 360°/n$ 的单独一个真旋转构成的群，其中 α 整除 $360°$[①]；(2)这些旋转与关于 n 根轴的反射一起构成的群，这些轴彼此相邻的夹角为 $\frac{1}{2}\alpha$。由此得到的第一种群叫作循环群(cyclic group) C_n，第二种群叫作二面体群(dihedral group) D_n。因此，这些就是二维情况下，仅可能有的中心对称性：

$$C_1, C_2, C_3, \cdots;$$
$$D_1, D_2, D_3, \cdots^{②} \tag{1}$$

C_1 意味着根本没有对称性，而 D_1 只不过就是双侧对称性。在建筑物中盛行的是四度对称性。塔状建筑常常具有六边形对称性。但具有六度对称性的主建筑物要少得多了。中世纪以来的第一座道地的主建筑物——佛罗伦萨的圣·玛利亚天使大教堂(S. Maria degli Angeli，始建于 1434 年)——是八边形对称的。五边形对称是极为罕见的。1937 年我曾在维也纳讲过对称性，当时我说过，我只知道一个五边形

---

① 即指 $n = 1, 2, 3, \cdots$。——译者
② 原文排为一行。——译者

的建筑,然而它却很不引人注目,这就是从威尼斯的圣·米切尔·迪·穆拉诺(San Michele di Murano)到六边形的卡佩拉·艾米利亚纳(Capella Emiliana)之间的一条走廊。现在,我们当然有了华盛顿的五角大楼。五角大楼规模之大和形状之奇特,为轰炸机提供了引人注目的目标。莱昂纳多·达·芬奇(Leonardo da Vinci)从事过系统地决定一幢主建筑物可能有的对称性,以及如何连上小教堂和壁龛而不至于破坏核心建筑的对称性的研究。用抽象的现代术语来说,他的结果实质上就是我们上面列出的二维(真与非真)旋转所有的可能的有限群。

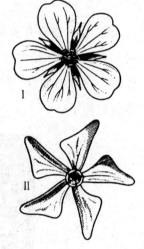

至此,在我们所考察过的一些例子中,在有平面上的旋转对称性的同时也总是伴随有反射对称性。我已给你们看过不少二面体群 D_n 的例子,但还没有举过一个更简单的循环群 C_n 的例子。不过这或多或少有点偶然。图 39 是两朵花,I 是天竺葵(*geranium*)[1],具有 D_5 对称群特征。而 II 是草本长春花(*Vinca herbacea*),由于它的花瓣不对称,它就给出了受到更多限制的群 C_5 的例子。图 40 或许显示了具有旋转对称性的最简单的图形——三脚架($n=3$)。当人们希望消去同时出现的反射对称性

图 39

时,只要在每一条臂上加上小旗子即可。这样就得到了一块三角骨[2]的图案,它是一种古代的巫术标记。例如,希腊人就在它的中心部位加上美杜莎(Medusa)[3]的头像来作为呈三角形的西西里岛的标志。[数学家们熟悉它,是由于它被用来作为《巴勒莫数学协会通报》(*Rendiconti del Circolo Matematico di Palermo*)封面上的印记。]把三条臂

---

① 亦可译作老鹳草花。——译者
② 组成人体腕关节的八块骨头之一,可供检查人体成熟程度之用。——译者
③ 希腊神话中的蛇发女妖,传说被她凝视过的人将变成石头。——译者

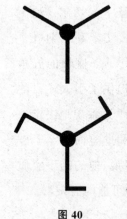

图 40

改成四条臂而构成的图案就是万字饰[1]，此处无须画出，它是人类最古老的记号之一，许多表面上互不相关的文明都使用过这一记号。1937 年秋，就在希特勒（Hitler）一伙占领奥地利之前不久，我在维也纳讲述对称性，关于这个图案，我曾讲过这么一段话：“在我们的时代中，它已成为恐怖的象征，它比盘满了毒蛇的美杜莎的头像更令人畏惧。”——听众席顿时哗然，喝彩声混着嘘叫声不时一阵阵迸发出来。看来，这些图案所具有的魔力是起因于它们有着令人吃惊的不完全对称性——不带反射的旋转对称性。图 41 是维也纳斯特凡大教堂（Stephan's dome）[2]布道坛上经精心设计的楼梯，在它的扶手下面，交替地出现着三角骨状和万字饰状的轮子。

图 41

---

① 即"卍"（逆时针方向），这是古代的一种装饰图案，是象征太阳和吉祥的标志；而顺时针方向的图案"卐"则是德国纳粹党的党徽。——译者

② 维也纳主教所在的教堂，位于维也纳市中心，前面不远处就是维也纳王宫。——译者

关于二维旋转对称性就谈这么多。如果处理的是像带状饰物那样的有可能实现无限的图案，或者说处理的是无限群，那么保持这种图案不变的操作就不一定是叠合，而可能是相似。一维情况中的相似，如果不只是平移的话，那么它有一个固定点 O，并且它就是从 O 点出发的以某种比例 $a:1$ 给出的伸缩[①]s，这里 $a \neq 1$（不必加以 $a > 0$ 的限制）。这种操作的无限迭代构成了群 Σ，即此群由下列伸缩构成：

$$s^n \quad (n = 0, \pm 1, \pm 2, \cdots) \tag{2}$$

图 42 所示的双锥螺（*Turritella duplicata*）的壳，是具有这种对称性的一个很好的例子。这种螺壳的各壳阶宽度相继按照等比数列的规律变化，其精确的程度确实是十分稀奇的。

有些时钟指针作连续均匀的旋转，而有些则是一分钟一分钟跳动。以分钟的整数倍所做的旋转，在由所有旋转组成的连续群中构成了一个不连续的子群（subgroup），而且认为一次旋转 s 及其迭代（2）包含在该连续群中，这是很自然的。我们能把这种观点应用到一维、二维或三维中的任何相似中去，事实上也可以应用到任何变换 s 中去。填充空间的物质——"流体"——的连续运动在数学上能够通过给定变换 $U(t,t')$ 来描

图 42

述，这里 $U(t,t')$ 将流体中的任意一点在时刻 t 时的位置 P_t 变为时刻 t' 时的位置 $P_{t'}$。如果 $U(t,t')$ 只依赖于时间差基 $t'-t$，即 $U(t,t')=S(t'-t)$，也就是说，在相等的时间间隔内总是重复相同的运动，那么这些变换就构成了一个单参数群（one-parameter group）。此时，该流体作"匀速运动"。而简单的群乘法法则

$$S(t_1)S(t_2) = S(t_1 + t_2)$$

表明，在两个相继的时间间隔 t_1, t_2 中的运动合起来等于在时间间隔 t_1

---

① 这里的伸缩实际上包括放大（$|a|>1$）和缩小（$|a|<1$）两种情况，下文中的伸缩也是指这两种情况。——译者

$+t_2$ 的运动。在 1 分钟之内所做的运动给出了一个确定的变换 $s=S(1)$，而对于所有的整数 n，在 n 分钟内所做的运动 $S(n)$ 就是迭代 s^n。因此，由 s 的迭代构成的不连续群 Σ 就被嵌入由运动 $S(t)$ 组成的以 t 为参数的连续群中去了。我们可以说连续运动是由同一无限小运动，在同样大小的无限小时间间隔相继地作无限次重复所构成的。

除了伸缩之外，我们本可以这样去考虑平面圆盘的旋转。现在我们来设想一个任意的真相似（proper similarity）s，即那种并不互换左右的相似。如果我们假定它不只是一个平移。那么它就有一个固定点 O，而且是由一个绕 O 点的旋转与一个从中心 O 点出发的伸缩构成的。它可以由一个把匀速旋转和放大结合起来的连续过程 $S(t)$，在 1 分钟后所达到的阶段 $S(1)$ 而得到。这一过程把 $\neq O$ 的一点沿着所谓的对数螺线（logarithmic spiral）或等角螺线（equiangular spiral）移动。因而，这条曲线就与直线和圆周一样具有如下重要性质：由相似变换的连续群能使它与其本身重合。伯努利（James Bernoulli, 1654—1705）[①]葬于巴塞尔[②]的明斯特。他的墓碑上刻着一条奇妙的螺线（spira mirabilis），旁边的一句话"我虽然变了，但却和原来一样"（Eadem mutata resurgo）夸张地表述了这一重要性质。直线和圆周是对数螺线的极限情况，当旋转加伸缩这组合中两个部分的一个碰巧为恒同变换时，就出现直线和圆周了。该过程在时刻

$$t = n = \cdots, -2, -1, 0, 1, 2, \cdots \qquad (3)$$

时所达到阶段，构成了由迭代（2）组成的群。熟知的鹦鹉螺（Nautilus）的壳（图 43）以令人惊叹不已的完美显示了这类对称性。在这里你们不仅看到了连续的对数螺线，而且还看到了体腔的潜无限系列，具有由不连续群 Σ 所描述的对称性。凡是看到这张大向日葵花（Helianthus maximus）照片（图 44）的人，都会看出其复花序小花自然地按对数螺线排列，其中有两组沿相反方向盘绕的对数螺线。

---

① 伯努利，瑞士数学家。——译者
② 瑞士第二大城市，在西北边境的莱茵河畔，为一重要的河港。——译者

图 43

图 44

三维空间中最一般的刚体运动是螺旋运动（screw motion）s，它由绕某轴的旋转与沿着该轴的平移复合而成。在相应的连续匀速运动的左右下，任何不在该轴上的一点将描绘出一条螺旋线（screw-line）或螺旋（helix），当然，它与对数螺线一样，同样有权利把自己说成是和原来一样（eadem resurgo）。动点在相等时间间隔（3）内达到的一系列阶段 P_n，就像一座旋转楼梯上的台阶那样，是等距离地分布在该螺线上的。如果操作 s 的旋转角度是周角 $360°$ 的一个分数 μ/ν（这里 μ、ν 都是小整数），那么序列 P_n 中相隔 ν 的点就均在同一条垂直线上，而该螺旋转了 μ 周以后就必然从 P_n 达到了在其上面的点 $P_{n+\nu}$。沿着树枝生长的树叶，也常常呈现这种规则的螺旋排列。

歌德曾谈到过自然界中的螺旋倾向。而这种称为叶序（phyllotaxis）的现象，自从邦内特（Charles Bonnet, 1720—1793）[①] 的时代（1754 年）起就一直是植物学家作大量考察和更多遐想的课题。[6] 人们已发现，表示树叶的螺旋状排列的分数 μ/ν，经常是"斐波那契数列"（Fibonacci sequence）[②]

$$1/1, 1/2, 2/3, 3/5, 5/8, 8/13, 13/21, 21/34, \cdots, \tag{4}$$

中的一些数。把无理数 $\frac{1}{2}(\sqrt{5}-1)$ 展开成连分数可以得到这个数列。

这个无理数就是被称为黄金分割（aurea sectio）的那个比率，它在人们企图把有关比例的优美性归结为数学公式时起着重要的作用。螺旋线缠绕其上的圆柱面可以用圆锥面来代替，这就相当于用任意真相似——旋转与伸缩的复合——来代替螺旋运动 s。冷杉球果上的木质鳞片的排列，属于比叶序中的对称性稍微更一般一些的这一类。从圆柱面经过圆锥面到圆盘的过渡是很明显的，这可由带叶的植物的圆柱形茎，冷杉球果的木质鳞片，以及大向日葵的小花构成的盘心小花的花

---

① 邦内特，瑞士博物学家、生物学家和哲学家。——译者
② 斐波那契（Leonardo Fibonacci，约 1170—1250），意大利数学家。斐波那契数列指的是 $n=1$ 满足 $U_{n+1}=U_n+U_{n-1}$ 的数列：$U_0, U_1, U_2, \cdots$，若 $U_0=U_1=1$，则有 $1,1,2,3,5,8,13,\cdots$，若取 $U_0=1, U_1=2$，则有 $1,2,3,5,8,13,21,\cdots$。序列（4）中的分子和分母分别构成这两个数列。——译者

序来说明。对于冷杉球果上的木质鳞片的排列而言，它就是我们能检验(4)式中的数字的最好对象。然而，此时其符合的程度却不太好，而且大的偏差也并不少见。泰特(P. G. Tait)曾经试图在《爱丁堡皇家学会会刊》(*Proceedings of the Royal Society of Edinburgh*, 1872)上给出一个简单的解释，然而丘奇(A. H. Church)在他的长篇论著《叶序与力学定律的关系》(*Relations of phyllotaxis to mechanical laws*, Oxford, 1901—1903)中，通过叶序的计算发现了生物体的一个奥秘。我想，现代植物学家恐怕没有像他们的先辈们那样认真地看待这整个叶序学说。

除了反射以外，到目前为止，所考虑的全部对称性均可用由一个操作 s 的迭代构成的群来描述。当我们把 s 取为转角 $\alpha = 360°/n$(即 α 能整除完全旋转 $360°$)的旋转，我们所得的群是有限的，这无疑是一个最重要的事例。在二维平面上，除了这些以外就没有其他的由真旋转构成的有限群了，这就证明了达·芬奇给出的表(1)中的第一行里的成员：$C_1, C_2, C_3, \cdots$。具有相应对称性的最简单图形是正多边形：正三角形、正方形、正五边形等。对于每一个数 $n = 3, 4, 5, \cdots$，都有一个正 n 边形与之相应的事实，是与对于每一个 n 在平面几何中都存在一个阶数为 n 的旋转群这一事实密切相关的。这两个事实都绝不是浅显的(trivial)。事实上，三维时的情况就迥然不同了：在三维空间中不存在无限多个正多面体，而最多五个正多面体。它们通常被称为柏拉图立体(Platonic solids)，因为它们在柏拉图的自然哲学中起着突出的作用。它们是正四面体、立方体、正八面体，以及正五边形十二面体[(pentagondodecahedron)它的界面是 12 个正五边形]和二十面体[(icosahedron)它的界面是 20 个正三角形]。人们可能会说前三个多面体的存在只是一个十分平凡的几何学事实。不过，发现后面两个多面体，确实是整个数学史上最优美、最奇妙的发现之一。可以相当肯定地说，这可追溯到希腊在意大利南部建立殖民地之时。有人认为，当时希腊人从黄铁矿(黄铁矿是西西里岛盛产的含硫矿物)晶体中抽象出了正十二面体。但是，正如前面已提到过的那样，正十二面体所特有的五度对称性是与结晶学的定律相矛盾的。事实上，人们所发现由黄铁矿结晶而得到的十二面体中，在作为它的界面的五边形里只有四条边的长度是相同的，而另一条边的长度却不同。第一次精确地构造出正五边形十二面体的，或许应归于特埃特图斯（Theaetetus，公元前415—前369）[①]。有一些证据表明，十二面体在古代意大利被用来做骰子，并在伊特鲁里亚文化中有着某种宗教意义。柏拉图在对话录《蒂迈欧篇》（Timaeus）中，把正棱锥体、正八面体、立方体和正十二面体分别与火、空气、土和水这四种要素按所述次序联系起来。而在某种意义上来说，他在正五边形十二面体中看到了整个宇宙的形象。施派泽提倡过如下的观点：构造这五个正多面体，是由希腊人创立的并由欧几里得在他的《几何原本》中奉为圣典的几何学的演绎体系的主要目标。不过，请让我提醒一下，希腊人从未在我们现代的意义下使用过"对称"（symmetric）这一词。在通常的用语中，$\sigma\acute{u}\mu\mu\epsilon\tau\rho o\varsigma$[②]是成比例的意思，而在欧几里得几何中它却等价于"可公度的"（commensurable）；正方形的边和对角线是不可公度的量，用希腊语来写即是$\dot{a}\sigma\acute{u}\mu\mu\epsilon\tau\rho a\ \mu\epsilon\gamma\acute{\epsilon}\vartheta\eta$。

图45取自海克尔的《挑战者号专题论集》。它显示了辐射目中几种放射虫的骨架。图中的2、3和5分别为八面体、二十面体和十二面体，其规则形式着实令人惊诧。图中的4似乎只具有较低的对称性了。

开普勒（Kepler）[③]在他的《宇宙之谜》（Mysterium cosmographicum）一书中试图把行星系中的距离归纳为交替与球面内接或外切的一组正多面体。（该书出版于1595年，在此很久以后他才发现了如今以他的名字命名的三大定律。）图46即是他的构想，以此，他相信他已

---

① 特埃特图斯，雅典数学家，属于柏拉图学园。——译者
② 希腊文，英语"symmetric"（对称的）一词的词源。——译者
③ 开普勒（1571—1630），德国天文学家。他发现了行星运动的三大定律，为牛顿发现万有引力定律打下了基础。——译者

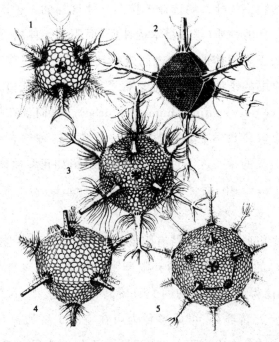

图 45

经深深地洞察了造物主的奥秘，其中的六个球面对应于六大行星：土星、木星、火星、地球、金星和水星，它们依次由立方体、正四面体、正十二面体、正八面体和正二十面体隔开。（当然，开普勒还不知道天王星、海王星和冥王星这三颗外行星，它们分别发现于 1781 年、1846 年和 1930 年。）

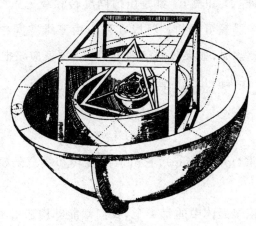

图 46

他试图找出造物主为什么要选择柏拉图立体这样的一种次序的理由，以及在这些行星的性质(是占星术的性质，而不是天体物理的性质)和与它们相应的正多面体的性质之间进行比较。他以一首气势磅礴的赞美诗作为全书的结束，在其中他宣告了他的信条，"我极为相信神在世上的意志"(Credo spatioso numen in orbe)。我们现在仍然在共享着他的关于宇宙在数学上是和谐的这一信念。这种信念经受住了不断积累着的经验的检验。不过，我们不再在(诸如正多面体那样的)静态形式(static forms)中，而是在动态定律(dynamic laws)中去寻找这种和谐性。

正如正多边形与平面旋转有限群相关联，正多面体也必定与由绕空间一中心 O 的真旋转构成的有限群密切相关。从对平面旋转的研究，我们立即能得到空间中的两类真旋转群。事实上，在一水平面上绕中心 O 的真旋转群 C_n 可以解释为由在空间中绕通过 O 点的直立轴的旋转组成的。在水平面上，关于此平面中一条直线 l 的反射可由在空间中绕 l 的一个 180°旋转(翻转，umklappung)完成。你们或许还记得我们在分析一幅苏美尔人的图画(图4)时已提到过这一点。以这种方式，水平面上的群 D_n 就变为空间中的真旋转群 $D_n{}'$；它包含绕通过 O 点的直立轴转过 $360°/n$ 的整数倍角度的旋转和绕通过 O 点的 n 条水平轴的翻转，其中相邻的这样两条轴之间的夹角均为 $360°/2n$。不过应该看出，群 D_1' 和群 C_2 都是由恒同旋转和绕一条线的翻转构成的。因而这两个群是恒同的。所以在列出由三维空间中真旋转构成的不同群的完整表时，如果我们已列出了 C_2，那就应该把 D_1' 删去。因此，我们的表中开头的几个群便是：

$$C_1, C_2, C_3, C_4, \cdots;$$
$$D_2', D_3', D_4', \cdots$$

D_2' 是所谓的四群(four-group)，它由恒同旋转和绕三条相互垂直的轴的翻转构成。

对于五个正多面体中的每一个，我们都能够构造出由那些把该立体变换成其自身的真旋转所构成的群。这样会产生五个新的群吗？不,只会生成三个。其原因如下。作一个球面内切于一立方体,以及作一个八面体内接于此球面,而使得该八面体的顶点落在球面与立方体的界面的切点上,也即落在六个正方形的界面的中心上。（图 47 表示在二维时的类似情况。）

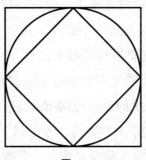

图 47

在这种情况下,立方体和八面体就形成了在射影几何意义上的配极图形（polar figures）。显然,使该立方体变换成其自身的每一个旋转也使得该八面体不变,反之亦然。因此,八面体的对称性群与立方体的对称性群相同。同样地,正五边形十二面体与二十面体是配极图形。一个正四面体的配极图形仍是正四面体,后一个正四面体的顶点是前一个正四面体顶点的对径点（antipodes）。这样一来,我们就找出了由真旋转构成的三个新群 T、W 和 P。它们分别使得正四面体、立方体（或正八面体）和正五边形十二面体（或正二十面体）不变。它们的阶数（即它们中每一个所含操作的个数）分别是 12,24,60。

通过一个比较简单的分析（附录 I）就能证明,加上这三个群后,我们所列出的表就完全了：

$$C_n \quad (n = 1, 2, 3, \cdots);$$
$$D_n' \quad (n = 2, 3, \cdots); \qquad (5)$$
$$T, W, P.$$

这是现代的表达法,它相当于古希腊人列出的正多面体表。这些群,特别是最后的三个群,对于几何学研究来说是一个有巨大吸引力的课题。

如果容许把非真旋转（improper rotations）放到我们的群中来，那么还会引起何种进一步的可能的情况呢？通过使用一个非常奇特的非真旋转，即对 O 的反射[1]，就可对这个问题做出最好的回答。这个非真旋转把任意一点 P 变成它关于 O 点的对映点 P'。P' 是这样得到的：先连接 P 和 O，然后把直线 PO 延长一倍（$PO=OP'$），即得 P'。把这个操作记为 Z，则 Z 与每一个旋转 S 都可交换，即 $ZS=SZ$。现在设 Γ 是我们的一个由真旋转构成的有限群。将非真旋转包含进去的一种方式是简单地添加 Z，更准确地说是在 Γ 的基础上加入所有形如 ZS（这里真旋转 S 是 Γ 中的元素）的非真旋转。这样得到的群 $\overline{\Gamma}=\Gamma+Z\Gamma$ 的阶数，显然是 Γ 的阶数的 2 倍。考虑到下列情况，我们就有包含进非真旋转的另一种方式：假设 Γ 作为一个指数为 2 的子群被包含在另一个真旋转群 Γ' 中，而使得 Γ' 中的一半元素（称它们为 S）在 Γ 中，另一半元素（称它们为 S'）不在 Γ 中。现在再用非真旋转 ZS' 来代替 S'。以这种方式，你就会得到一个群 $\Gamma'\Gamma$，它包含 Γ，但它的另一半操作则是非真的。例如，$\Gamma=C_n$ 是 $\Gamma'=D_n'$ 的一个指数为 2 的子群。D_n' 中不包含在 C_n 里的各操作 S' 是绕 n 条水平轴的各翻转；与之对应的 ZS' 是关于直立于这些轴的垂直平面的反射。这样，$D_n'C_n$ 就由绕垂直轴的旋转（其转角为 $360°/n$ 的倍数）和关于一些垂直平面（这些垂直平面是通过该轴的，而且相邻平面之间的交角为 $360°/2n$）的反射组成。你们可以说它就是前面记为 D_n 的那个群。再举一个最简单的例子：$\Gamma=C_1$ 被包含在 $\Gamma'=C_2$ 中。C_2 中并不包含在 C_1 里的一个操作 S' 是绕直立轴的 $180°$ 旋转；ZS' 是关于通过 O 点的水平面的反射。因此 C_2C_1 是由恒同旋转和关于一给定平面的反射组成的群，换言之，它就是双侧对称性所指的那个群。

上述两种方式，是把非真旋转包含到我们的群中来的仅有的两种方式（其证明请参见附录Ⅱ）。因此，下面就是一张包含全部（真旋转

---

[1] 对 O 的反射，通常也称为反演。——译者

和非真旋转）有限群的完整的表：

$$C_n, \overline{C}_n, C_{2n}C_n \quad (n = 1, 2, 3, \cdots),$$

$$D'_n, \overline{D'_n}, D'_n C_n, D'_{2n} D'_n \quad (n = 2, 3, \cdots),$$

$$T, W, P; \quad \overline{T}, \overline{W}, \overline{P}; \quad WT。$$

最后一个群 WT 之所以可能，乃因为四面体群 T 是八面体群 W 的一个指数为 2 的子群。

在最后一讲中，我们将考察晶体的对称性，那时候这张表将发挥很重要的作用。

动物身体的对称性

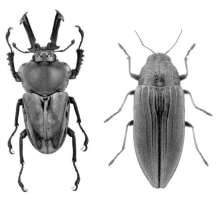

▲ 彩虹锹和金虹吉丁

大自然到处都有着对称现象。图中的两种甲虫具有明显的双侧对称性。图片选自《甲虫博物馆》（北京大学出版社）。

▲ 休伊森手绘蝴蝶

美丽的蝴蝶是对称的典范。图为英国博物画家休伊森手绘的几种蝴蝶，选自《休伊森手绘蝶类图谱》（北京大学出版社）。

▲ 仙女座星系

天上的星辰从形状到轨道都呈现出一定的对称性。图片选自《星云世界》（北京大学出版社）。

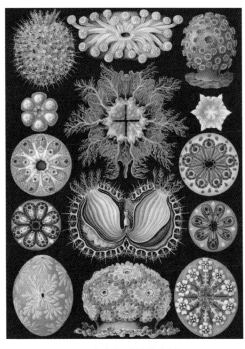

▲ 海克尔手绘的海鞘

海鞘的对称性令人惊叹大自然的神奇。图为19世纪德国生物学家海克尔手绘的海鞘，选自《自然界的艺术形态》（北京大学出版社）。

◀ 几何对称的剪秋萝

剪秋萝分开的枝叶和展开的花瓣都呈现出对称的分布。图片选自《美妙的数学》（北京大学出版社）。

◄ 水中的倒影

倒影看起来是一种生动的对称。图片选自《美妙的数学》。

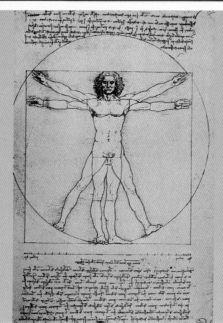

▲ 达芬奇所绘人体结构

人类对于对称的认识离不开自身，人的身体就是一个对称的形体。

▲ 古埃及金字塔

人类取法自然，将对称应用于生活中。古埃及金字塔是对称在建筑中的体现。

◄ 印度泰姬陵

莫卧儿王朝沙加汗为爱妃建造的泰姬陵呈现出优美的对称感。

▲ 古希腊陶瓶

陶器是人类在转轮上用黏土塑造而成，具有明显的对称感。

▲ 商代青铜器后母戊鼎（曾名司母戊鼎）

出土于河南安阳武官村，鼎形体稳重、对称，透露出了力量与几何对称的双重美感。

▶ 剪纸

中国剪纸是一种充满对称感的艺术品。

▲ 展开的图书

图书被设计成左右展开，呈现出一种对称美。

▲ 古代波斯地毯

这张公元前400年左右的地毯上的图案呈现出对称的美感。

▲ 小提琴

乐器的设计本身就有对称美，而琴弦奏出的旋律也具有对称美。

▲ 巴赫（J.S.Bach，1685—1750）手稿

巴赫的音乐展现了时空的结构，具有一种对称和谐的美。

◀ 巴赫印章图案

巴赫的印章也体现了一种对称和谐的美。

▲ 埃舍尔（M.C.Escher，1898—1972）画作

埃舍尔的画具有强烈的对称性。他用艺术表现了关于对称与众不同的认识。这幅画中具有对称的三瓣相互间夹着的白色图形也是三瓣，不仅对称，而且循环无穷。

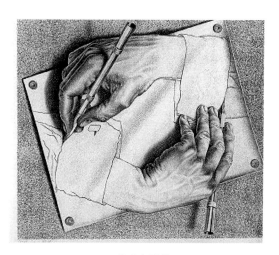

▲ 埃舍尔画作

在几何学上，关于平面图形的对称，有且只有四类：反射、旋转、平移、滑动反射。

▲ 京剧脸谱

物体的反射对称也称镜面对称、左右对称，在平面中即轴对称。中国京剧的脸谱图案、等腰三角形都是一种反射对称。

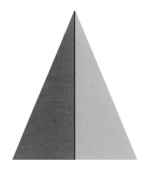

▲ 等腰三角形

（不同颜色是为了视觉上容易辨别而加。）

◀ 太极图

中国古代的太极图案是一种中心对称图案。

▶ 五角星与五边形除了是反射对称外，还都是五次中心对称图形，即绕中心旋转72°、144°、216°、288°和360°，可旋转五次，均与原图重合。

▲ 美国五角大楼是一个五边形。

◀ 山西大同北魏时期的云冈石窟窟门框边装饰图案是一种平移对称图案。

▲ 平移对称是图形整体平移一段仍与原图重合。

▲ 许多树叶的叶脉具有滑动反射对称性。

▲ 滑动反射对称或称平移反射对称，是先进行平移，然后形成反射对称。

平面图形的对称可以推广至空间。

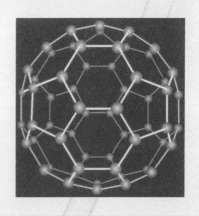

▶ 化学分子中的对称
　一个由60个碳原子组成的完美对称的足球状分子C_{60}，即富勒烯。图片选自《物理学之美》(北京大学出版社)。

此外，在代数学中也存在对称现象。

$X_1 X_2 X_3 X_4$;
$X_1 + X_2 + X_3 + X_4$;
$X_1 X_2 + X_1 X_3 + X_1 X_4 + X_2 X_3 + X_2 X_4 + X_3 X_4$;
$X_1 X_2 X_3 + X_1 X_2 X_4 + X_1 X_3 X_4 + X_2 X_3 X_4$;

◀ 左边这四个多项式是对称多项式，即对X的下标1、2、3、4进行任意置换，所得结果均与原式相等。

▶ 海伦公式用于计算边长为a、b、c的三角形ABC的面积S。

其中p和（p−a）（p−b）（p−c）都是关于a、b、c的对称多项式；显然S也是关于a、b、c的对称多项式。

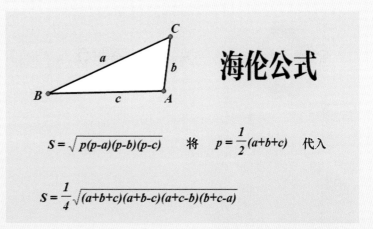

海伦公式

$$S = \sqrt{p(p-a)(p-b)(p-c)} \quad 将 \quad p = \frac{1}{2}(a+b+c) \quad 代入$$

$$S = \frac{1}{4}\sqrt{(a+b+c)(a+b-c)(a+c-b)(b+c-a)}$$

正弦定理

$$\frac{a}{\sin A} = \frac{b}{\sin B} = \frac{c}{\sin C}$$

◀ 正弦定理

其中各边a、b、c及对应的角A、B、C变换顺序，并不改变公式整体。

▶ 大千世界，丰富多彩的对称现象，其背后的本质究竟是什么？从上面各种对称现象的实例中，可发现在某种操作下具有不变性，这就是对称的本质。使事物保持不变的所有操作在数学上构成了一个集合，数学家称它为群。

SYMMETRY

HERMANN WEYL

◀ 外尔《对称》英文版封面

外尔系统地研究了各种对称的现象。在《对称》一书中，他做出了数学上的总结："对称是一个广阔的主题，在艺术和自然两个方面都意义重大，而数学则是它的根本。"这个作为根本的数学工具就是群，所以，很多数学家说："对称即群。"

◀ 德国数学家诺特

艾米·诺特（E.Noether，1882—1935）的研究领域为抽象代数和理论物理。她的诺特定理建立起了对称性与守恒定律之间的本质联系，即体系作用量的每一种连续对称性都有一个守恒量与之对应。例如，空间的平移对称性（均匀性）对应于动量守恒；时间的平移对称性（均匀性）对应于能量守恒；空间的旋转对称性（各向同性）对应于角动量守恒。

▶ 诺特1915年4月10日寄给费舍尔（E.Fischer，1875—1954）的明信片，上面就写着她讨论抽象数学的话。

▶ 1957年诺贝尔奖颁奖现场（前排左一为杨振宁，左二为李政道）

对称的影响如此巨大，以至于物理学家普遍认为，宇宙间的四种基本的作用都是对称的，相对应的物理量宇称也都是守恒的。1956年，杨振宁和李政道首先提出了在弱相互作用中一个粒子的镜像与其本身的性质并不一定完全相同，即宇称不守恒。为此他们荣获了1957年诺贝尔物理学奖。

◀ 吴健雄在哥伦比亚大学实验室内正是她巧妙的实验证实了弱相互作用下宇称不守恒。

三、装饰对称性

· Part Ⅲ Ornamental Symmetry ·

这是自然选择(现在这个词代替了神的指引!)使其建筑术能达到的最完美无缺的程度。因为就我们所知,蜜蜂的巢室在节省劳力和蜂蜡这两方面都是尽善尽美的。

——达尔文

这一讲要比前一讲更系统一些,因为我们实际上只讨论一种特殊的几何对称性。无论从哪一方面看,这都是一种最复杂,但也是最有趣味的对称性。在二维情况中,它与表面装饰艺术有关;在三维情况中,它刻画了原子在晶体中的排列,所以我们把它称为装饰对称性(ornamental symmetry)或结晶对称性(crystallographic symmetry)。

让我们从一个二维装饰图案讲起。这就是浴室中的铺地瓷砖常用的六边形图案。在艺术和自然界中,这种图案或许比任何其他的装饰图案更为常见。你们在这里看到的六边形图案(图48)是由普通的蜜蜂筑造的蜂窝。蜜蜂的巢室为棱柱形,此照片是沿着这些棱柱的方向拍摄的。事实上,蜜蜂窝由两层这样的巢室组成,而它们的棱柱的开口方向正好相反。这两层的内底部是如何结合起来的,是一个空间

图 48

◀埃舍尔的画

问题,我们过一会儿再回头来讨论。目前,我们只考虑较简单的二维
问题。如果你们把球形弹或球形小珠堆积成一堆,它们就会在三维中
把自己安排得类似于这种六边形的构形。在二维情况中,要实现的是
把一些全同的圆尽可能紧密地挤集在一起。从彼此相切的一行水平
圆开始,如果你在这一行圆之上丢下另一个圆,那么它将嵌在这一行
的两个相邻的圆之间,而这三个圆的圆心则会构成一个等边三角形。
从这个处于上一层的圆就能引申出第二行水平的圆,它们都是嵌在第
一行的圆之间(图 49)。以后的各行也是这样。这些圆之间几乎没有
空隙。在一个圆与其周围的六个圆的相切处做出的切线,它们组成了
与该圆外切的正六边形。如果你们用这一六边形来代替它的内接圆,
就能得到一个充满整个平面的正六边形的规则构形。

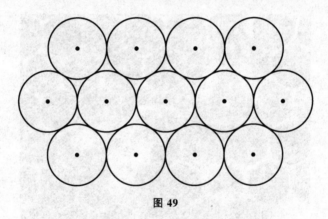

图 49

根据表面张力的规律,我们知道在细金属丝圈所给定的周界上张
成的肥皂膜具有表面为最小的形状,也就是说它的面积要比具有同样
周界的其他任何表面的面积都小。吹入一定量气体后的肥皂泡呈球
状,这是因为球面以其最小的表面包围了给定的体积。因此,具有相
同面积的二维泡沫会把自身安排成六边形图案,就不足为奇了。因为
在把平面划分为面积相等的一些部分时,对于所有的图案来说,六边
形图案的边界网所具有的长度是最小的。这里我们已经假定,通过考
虑一水平层的泡沫,例如,两块水平玻璃板之间的那一种,就把所讨论
的问题简化为二维的情况。如果泡囊的泡沫有边界(生物学家称之为

表皮层），我们就可观察到它是由一些圆弧构成的，每一段圆弧与相邻
的细胞壁和下一段圆弧构成 120°角。这正是由最小长度法则（law of
minimal length）要求的。作了这一解释后，当你们看到诸如玉米的薄
壁组织（图 50）、我们眼睛里的视网膜上的色素、许多硅藻的表面（图
51 展示了一种美丽的标本），最后还有蜜蜂窝等这些迥然不同的结构
中都具有六边形图案时，就不会感到诧异了。因为大小都差不多的蜜
蜂是当飞旋在巢室之中，来建造它们的巢室的，所以这些巢室就聚集

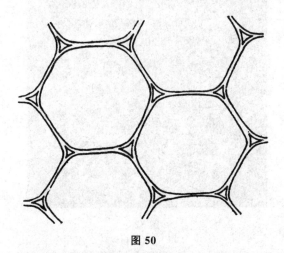

图 50

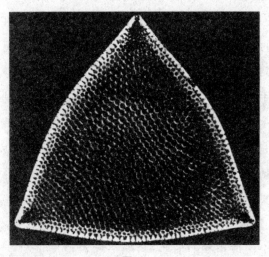

图 51

成一个平行圆柱的最密集的堆积，其横截面就好似我们的圆的六边形图形一样。只要蜜蜂还在进行工作，蜂蜡便处于一种半流体状态，所以此时的表面张力很可能超过蜜蜂身体从内部对蜂蜡施加的压力，这就把这些圆转换为一些外切的六边形了（然而，它们的角隅仍显示出圆形的某些残迹）。图 52 所示的是一个人造的蜂窝组织，它是亚铁氰

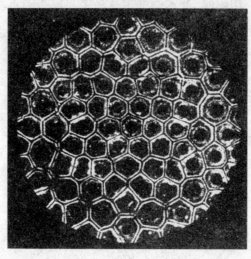

图 52

化钾溶液的微滴在明胶中扩散后形成的，你们可以将其与玉米的薄壁组织加以比较。当然它们形状的规则性有待改进，甚至在某些地方出现的不是六边形，而夹杂进了五边形。图 53 和图 54 是另外两个人造的六边形图案组织，这是我从最近一期的《时尚》（*Vogue*）杂志（1951年 2 月）中信手拈来的。图 55 是海克尔的辐射虫之一，他把它称为六边形空心藻（*Auzlia hexagona*）的含硅骨架。它看上去似乎是在一个球面上（而不是在一个平面内）布满了一种十分规则的六边形图案。但是，因为受拓扑学中一个基本公式的限制，一个六边形的网是不可能覆盖球面的。这一公式是针对把球面任意分割成一些沿着某些边彼此交界的区域而言的，它断言：区域的个数 A，边的条数 E，以及顶点（至少有三个区域相交的那些点）的个数 C 应满足关系式 $A+C-E$

$=2$①。要是令有一个六边形网，那我们就有 $E=3A, C=2A$，因此就有 $A+C-E=0$！我们确信无疑地看到，空心藻中的一些网眼果真不是六边形而是五边形。

图 53

图 54

———————————

① 这个公式称为欧拉公式，其右边的 2 即是球面的欧拉示性数。——译者

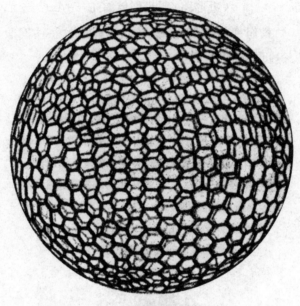

图 55

　　现在让我们从圆在平面上最密集堆积的问题，转而讨论相同的球面，或相同的球体在空间中最密集堆积的问题。我们从一个球以及过其球心的一个"水平面"开始。在最密集堆积时，这一球将与 12 个其他的球相切（正如开普勒所说的"像石榴中的石榴籽那样"），其中六个在这个水平面中，另外三个在这个水平面的下面，还有三个在它的上面。[1] 如果这样排列的球围着各自的固定球心作均匀的扩张，但彼此不能穿透的话，那么它们就会变成一些填满整个空间的斜方十二面体。注意，此时的单个十二面体并不是正多面体，然而在相应的二维问题中我们得到的却是一个正六边形！蜜蜂的巢室是由这样的十二面体的下半部构成的，而其六条直立边延伸出去就形成一个一端开口的六边形棱柱。关于蜜蜂窝的几何问题已有大量论著了。蜜蜂的奇妙的社会习性和几何天资，不会不引起它们的人类观察者和剥削者的注意，并使他们赞叹不已。《天方夜谭》（*Arabuab Nights*）中的小蜜蜂说："我的住宅是按照十分严谨的建筑法建造的，就连欧几里得本人也会从我的巢室的几何学研究中受益匪浅。"似乎是马拉尔迪（Giaco-

mo F. Maraldi,1665—1729)①在 1712 年首次进行了相当精确的测量。
他发现巢室的三个底菱形都有约为 110°的钝角 α，而且这些底菱形与
棱柱壁构成的角 β 也有同样的值。他给自己提出了这样的几何问题：
菱形的角 α 应取什么数值，才能使它与较后的角 β 完全一致？他得出
$\alpha=\beta=109°28'$，并由此而假定蜜蜂早就解出这一几何问题了。当人们
在曲线的研究和力学中引入最小值原理（principles of minimum）以
后，由最节省地使用蜂蜡来确定 α 值的这一想法就变得不再牵强附会
了。用任意其他的角来建造具有同样体积的巢室，就需要更多的蜂
蜡。雷奥米尔（Réaumur）的这一猜想后来经瑞士数学家柯尼希（Sam-
uel Koenig）所证实。柯尼希不知怎么地把马拉尔迪的理论值认为是
他实际测量的结果，并且发现他自己根据最小值原理得到的理论值与
马拉尔迪的数值结果相差 $2'$（这是由于他在计算 $\sqrt{2}$ 时，所用的数学表
有错误）。因此，他的结论是，蜜蜂在解这一最小值问题时犯了一个比
$2'$ 小的错误。他又说，在经典几何学范围内，这个问题是无法解决的，
而需要用到牛顿和莱布尼茨的方法。② 随后在法国科学院展开的讨
论，由该院的终身秘书丰特内勒（Fontenelle）总结在一篇有名的判决
性文章里。在这篇文章中他否认蜜蜂具有牛顿和莱布尼茨的几何智
能，从而下了这样的结论：蜜蜂在应用这一最高深的数学时，它们是
听从神的指引和命令的。事实上，巢室并不像柯尼希所设想的那样规
则，就连要在几度的精确度内去测量这些角都会有困难。但是，就在
此一百多年以后，达尔文（Darwin）却仍把蜜蜂的建筑才能称作"在已
知的本能中最为奇特的一种"，并且补充说："这是自然选择（现在这
个词代替了神的指引！）使其建筑术能达到的最完美无缺的程度。因
为就我们所知，蜜蜂的巢室在节省劳力和蜂蜡这两方面都是尽善尽
美的。"

---

① 马拉尔迪，意大利天文学家和数学家。他在数学上最著名的成就是 1712 年通过计算得
到了斜方十二面体中的角度，现被称作马拉尔迪角。——译者
② 这里指的是用微积分求极值的方法或变分法。——译者

当我们用适当的对称做法,将一个八面体的六个顶角截掉的话,我们就能得到一个由六个正方形和八个六边形为界面的多面体,阿基米德(Archimedes)已经知道这种十四面体了,其后又被俄国晶体学家费多罗夫(Fedorow,1853—1919)①重新发现。这种立体经过适当的平移而得出的复制品,正如斜方十二面体那样,能不相重叠且没有空隙地填满整个空间(图56)。

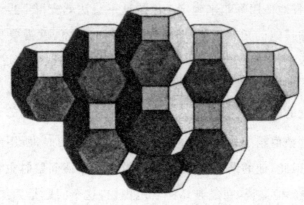

图 56

开尔文勋爵(Lord Kelvin,1824—1907)②在巴尔的摩(Baltimore)③所做的一系列讲演表明,必须如何去翘弯它的表面以及如何弯曲它的边才能使它满足面积为极小的条件。如果这样做了,那么把空间分割成相等的和平行的这种十四面体,就同样体积来说,甚至要比把空间分割成以平面为界面的斜方十二面体还要节省表面积。我趋向于相信开尔文勋爵的构形给出了绝对极小值(absolute minimum)的说法。但是,就我所知,这一点至今还没有得到证明。

现在,让我们从三维空间回到二维平面中来,来对与双重无限关联(double infinite rapport)有关的对称性作更系统的研究。首先,我

---

① 费多罗夫,俄国晶体学家和矿物学家。1885 年首先从理论上推导出 230 种空间群。——译者

② 开尔文勋爵,即威廉·汤姆森(William Thomson),英国物理学家。——译者

③ 巴尔的摩,美国东海岸城市,位于美国首都华盛顿的东北。约翰斯·霍普金斯大学所在地。——译者

们必须要把这一概念精确化。正如我们前面已提到过的,平面中的平行移动,即平移,组成一个群。对于给定的点 A,确定了经移动后的点 A',就可以完全地给出平移 a。如果向量 $\overrightarrow{BB'}$ 就平行于 $\overrightarrow{AA'}$,并且具有相同的长度,那么平移(或向量)$\overrightarrow{BB'}$ 与平移 $\overrightarrow{AA'}$ 是完全一样了。通常用符号十来表示平移的复合,因此 $a+b$ 就是先进行平移 a,然后进行平移 b 而得到的平移,如果 a 将点 A 移到 B,而 b 将点 B 移到 C,那么 $c=a+b$ 就将 A 移到 C,因而可用平行四边形 $ABCD$ 中的对角线向量 $\overrightarrow{AC}$ 来表示。因为我们有 $\overrightarrow{AD}=\overrightarrow{BC}=b$,以及 $\overrightarrow{DC}=\overrightarrow{AB}=a$(图 57),故对

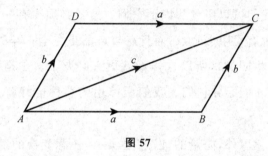

图 57

于平移的复合(我们有时也说,对于向量的加法),我们就有交换律:$a+b=b+a$。向量的这种加法只不过就是根据所谓的力的平行四边形法则,即把两个力 a 和 b 合成为它们的合力 $a+b=c$ 的那种法则。我们有恒同或零向量 o,它使每一点移为其本身。每一平移 a 都有其逆向量 $-a$,使得 $a+(-a)=o$。符号 $2a,3a,4a,\cdots$ 的意思是自明的,即它们表示 $a+a,a+a+a,a+a+a+a$ 等。对于任意(正的、零或负的)整数 n,用来定义倍数 na 的一般法则可用下列公式表示:

$$(n+1)a = (na)+a \quad \text{以及} \quad 0a = o。$$

向量 $b=\dfrac{1}{3}a$ 是方程 $3b=a$ 的唯一解。如果 λ 是由整数分子 m 和整数分母 n 给出的分数 m/n(例如 $2/3$ 或 $-6/13$),那么 λa 指的是什么就很清楚了。于是根据连续性,当 λ 是任意实数时(不管是有理数,还是无理数),λa 的意思也就清楚了。我们把两个向量 e_1,e_2 称为是线性无关的,如果它们的线性组合 $x_1 e_1+x_2 e_2$ 不是零向量,除非实数 x_1 和实

数 x_2 都为零。平面是二维的,因为其中的每一个向量 x 都可以用两个固定的线性无关的向量 e_1,e_2,唯一地用一个形如 $x_1e_1 + x_2e_2$ 的线性组合来表示。系数 x_1,x_2 称为 x 关于基 (e_1,e_2) 的坐标。固定一定点 O 作为原点[以及一个向量基 (e_1,e_2)],我们就能通过 $\overrightarrow{OX} = x_1e_1 + x_2e_2$,使得每一点 X 都对应于两个坐标 x_1,x_2,而且反之亦然:这些坐标 x_1,x_2 确定了 X 相对于"坐标系" $(O;e_1,e_2)$ 的位置。

非常抱歉,我不得不用解析几何中的这些基本概念来为难你们。笛卡儿(Descartes)发明解析几何,其目的只不过是要给平面中的点 X 以名称,由此我们可以区分和识别它们。这就必须要有一个系统的做法,因为平面中有无限多个点;而且点与点都是完全一样的(这不像每个人都是各不相同的),所以这样做就更有必要了。于是我们只有给它们附以标记才能区分它们。我们所使用的名称恰好就是数偶 (x_1,x_2)。

除了交换律以外,向量的加法(事实上,任意变换的复合)还满足结合律

$$(a+b)+c = a+(b+c)。$$

对于向量 a,b,$\cdots$ 与实数 λ,μ,$\cdots$ 的相乘,我们有下列法则:

$$\lambda(\mu a) = (\lambda\mu)a,$$

以及下面两个分配律

$$(\lambda+\mu)a = (\lambda a)+(\mu a),$$

$$\lambda(a+b) = (\lambda a)+(\lambda b)。$$

当我们从一个向量基 (e_1,e_2) 变换到另一个向量基 (e_1',e_2') 中去时,我们必然要自问任意向量 x 的坐标 (x_1,x_2) 是如何变换的。向量 e_1',e_2' 可以用 e_1,e_2 来表示,反之亦然:

$$e_1' = a_{11}e_1 + a_{21}e_2, \quad e_2' = a_{12}e_1 + a_{22}e_2 \tag{1}$$

以及

$$e_1 = a_{11}'e_1' + a_{21}'e_2', \quad e_2 = a_{12}'e_1' + a_{22}'e_2' \tag{1'}$$

把任意向量 x 用这两个基表示出来,即有

$$x = x_1 e_1 + x_2 e_2 = x_1' e_1' + x_2' + x_2' e_2'$$

将(1)式中的 e_1' 和 e_2' 的表达式代入上式,或将 $(1')$ 式中的 e_1 和 e_2 的表达式代入上式,我们就得知关于第一个基的坐标 x_1, x_2 与关于第二个基的坐标 x_1', x_2' 是通过下列两个互逆的"齐次线性变换"相联系的:

$$x_1 = a_{11} x_1' + a_{12} x_2', \quad x_2 = a_{21} x_1' + a_{22} x_2'; \qquad (2)$$

$$x_1' = a_{11}' x_1 + a_{12}' x_2, \quad x_2' = a_{21}' x_1 + a_{22}' x_2。 \qquad (2')$$

这里的坐标 (x_1, x_2) 和 (x_1', x_2') 是随向量 x 不同而变化,但系数

$$\begin{pmatrix} a_{11}, & a_{12} \\ a_{21}, & a_{22} \end{pmatrix}, \quad \begin{pmatrix} a_{11}', & a_{12}' \\ a_{21}', & a_{22}' \end{pmatrix}$$

都是常数。容易看出,(2)式那样的线性变换具有逆变换的条件是,当且仅当它的所谓的模数(modul)$a_{11} a_{22} - a_{12} a_{21}$ 不等于 0。

只要我们仅使用到此为止所引进的这些概念,即(1)向量的加法 $a + b$,(2)数 λ 与向量 a 的乘法,(3)由两个点 A, B 确定向量 $\overrightarrow{AB}$ 的运算,以及由这三点从逻辑上加以定义的那些概念,那我们就是在研究仿射几何(affine geometry)。在仿射几何中,任意向量基 e_1, e_2 与任意其他向量基的地位是一样的。向量 x 的长度 $|x|$ 的概念就超出了仿射几何了。它是度量几何(metric geometry)中的一个基本概念。任意向量 x 的长度的平方,是它的坐标 x_1, x_2 的一个二次型:

$$g_{11} x_1^2 + 2 g_{12} x_1 x_2 + g_{22} x_2^2, \qquad (3)$$

其中 g_{11}, g_{12}, g_{22} 是常系数。这是毕达哥拉斯定理的基本内容。度量基本形式(3)是正定的(positive-definite),即对变量 x_1, x_2 的任意值(除 $x_1 = x_2 = 0$ 外)来说,它的值是正的。存在一些特别的坐标系,即笛卡儿坐标系,在其中这一形式具有简单的表达式 $x_1^2 + x_2^2$(笛卡儿坐标系由两个长度都是 1,又互相垂直的向量 e_1, e_2 构成)。在度量几何中,所有的笛卡儿坐标系都是同样可采用的。从一个笛卡儿系到另一个笛卡儿系的转换是通过正交变换来完成的,即通过一个齐次线性变换(2)[或 $(2')$],它使形式 $x_1^2 + x_2^2$ 不变,即 $x_1^2 + x_2^2 = (x_1')^2 + (x_2')^2$。

但是,若稍加修改的话,我们也可以把这种变换解释为旋转的代

数表示。如果通过一个绕原点 O 的旋转,笛卡儿基 e_1, e_2 变为笛卡儿基 e_1', e_2',那么向量 $x = x_1 e_1 + x_2 e_2$ 就变为 $x' = x_1 e_1' + x_2 e_2'$。但倘若我们自始至终采用原基 (e_1, e_2) 为参照系,而把后者写成 $x_1' e_1 + x_2' e_2$,你们就看到坐标为 x_1, x_2 的向量变成了坐标为 x_1', x_2' 的向量,这里

$$x_1 e_1' + x_2 e_2' = x_1' e_1 + x_2' e_2,$$

因此

$$x_1' = a_{11} x_1 + a_{12} x_2, \quad x_2' = a_{21} x_1 + a_{22} x_2 \tag{4}$$

[这与(2)式不同,数偶 (x_1, x_2),(x_1', x_2') 的地位互换了]。

如果用点来代替向量,那么齐次线性变换就全都由非齐次线性变换代替。令 (x_1, x_2),(x_1', x_2') 是同一任意点 X 在 $(O; e_1, e_2)$,$(O'; e_1', e_2')$ 这两个坐标系中的坐标。于是我们有

$$\overrightarrow{OX} = x_1 e_1 + x_2 e_2, \quad \overrightarrow{O'X} = x_1' e_1' + x_2' e_2',$$

而且因为 $\overrightarrow{OX} = \overrightarrow{OO'} + \overrightarrow{O'X}$,所以有

$$x_i = a_{i1} x_1' + a_{i2} x_2' + b_i \quad (i = 1, 2) \tag{5}$$

这里我们已令 $\overrightarrow{OO'} = b_1 e_1 + b_2 e_2$。非齐次变换与齐次变换的差别在于,前者有附加项 b_i。映射

$$x_i' = a_{i1} x_1 + a_{i2} x_2 + b_i \quad (i = 1, 2) \tag{6}$$

将点 (x_1, x_2) 变为点 (x_1', x_2'),它能表示一种叠合,只要该变换的齐次部分

$$x_i' = a_{i1} x_1 + a_{i2} x_2 \quad (i = 1, 2) \tag{4}$$

所给出的向量的相应映射是正交的。(这里的坐标当然是对同一个固定坐标系而言的。)在此情况下,我们把该非齐次变换也称为是正交的。特别是,向量 (b_1, b_2) 给出的平移由下列变换给定:

$$x_1' = x_1 + b_1, \quad x_2' = x_2 + b_2。$$

现在,我们回到有关平面有限旋转群的莱昂纳多表中来:

$$\begin{cases} C_1, C_2, C_3, \cdots; \\ D_1, D_2, D_2, \cdots。 \end{cases} \tag{7}$$

任意一个群 C_n 操作的代数表达式都与笛卡儿向量基的选取无

关。但对于群 D_n 来说却不是这样的。为了使它的代数表达式正规化,我们在这里把位于某一反射轴上的向量取为第一个基本向量 e_1。旋转群在笛卡儿坐标系里的表达式是以正交变换群的形式出现的。它在任意两个这种坐标系中的表达式是由一个正交变换相联系的,我们将它们称为是正交等价的。因此,现在我们可用代数语言把达·芬奇的结论表述如下:他编制了一张正交变换群的表,使得:(1) 其中任意两个群是互不正交等价的;(2) 正交变换的任意有限群皆正交等价于该表中出现的一个群。简言之,他编制了由正交变换构成的互不正交等价的有限群的一张完整表。把一个简单的情况说得这样复杂难懂似乎是不必要的,但是这样做的好处我们不久就可清楚看出。

装饰对称性与平面中叠合映射的不连续群有关。如果这样的一个群 Δ 包含平移,那么提出有限性的要求就不合理了,因为(不同于恒同平移 o 的)平移 a 的迭代会给出无限多个平移 na($n=0,\pm1,\pm2,\cdots$)。所以,现在我们就用不连续性来代替有限性:它要求在群中除了单位元本身之外,不存在别的运算能任意地接近该单位元。换言之,存在一个正数 ε,使得在我们的群中,能使下列一些数:

$$\begin{pmatrix} a_{11}-1, & a_{12}, & b_1 \\ a_{21}, & a_{22}-1, & b_2 \end{pmatrix}$$

落在 $-\varepsilon$ 和 $+\varepsilon$ 之间的任何变换(6)只有恒同变换(对于恒同变换这些数都为零)。我们的群中所包含的平移,组成了一个不连续的平移群 Δ。对于这样的一个群,有下列三种可能性:它或是只有单位元(零向量 o);或是群中的所有平移都是一个基本平移 $e\neq0$ 的迭代 xe($x=0,\pm1,\pm2,\cdots$);或是这些平移(向量)组成一个二维点阵(lattice),即由两个线性无关向量 e_1 和 e_2,以及整系数 x_1,x_2 给出的线性组合 $x_1e_1+x_2e_2$ 构成。第三种情况即是我们感兴趣的双重无限关联。这里的向量 e_1,e_2 构成我们所谓的点阵基。选择一个 O 为原点;再由点阵中的所有平移对 O 运算,这样我们就得到了许多点,它们构成了一个平行四边形点阵(图 58)。

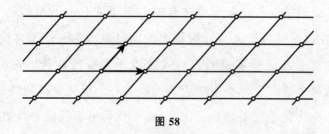

图 58

我们立即会问,对于一个给定的点阵,点阵基的选择可以任意到何种程度? 如果 e_1', e_2' 是另一个这样的基,我们就必须有

$$e_1' = a_{11}e_1 + a_{21}e_2, \quad e_2' = a_{12}e_1 + a_{22}e_2 \tag{1}$$

其中 a_{ij} 都是整数。但是,其逆变换 $(1')$ 中的系数也必须是整数,否则 e_1', e_2' 就不构成一个点阵基。对于坐标,我们得到下列两个互逆的线性变换 (2) 和 $(2')$,它们具有整系数:

$$\begin{pmatrix} a_{11}, & a_{12} \\ a_{21}, & a_{22} \end{pmatrix} \quad \text{和} \quad \begin{pmatrix} a_{11}', & a_{12}' \\ a_{21}', & a_{22}' \end{pmatrix}. \tag{2''}$$

一个具有整系数的齐次线性变换,当它的逆变换也属同样类型的话,数学家们就把它称为是幺模的(unimodular)。容易看出,具有整系数的线性变换为幺模的,当且仅当它的模数 $a_{11}a_{22} - a_{12}a_{21}$ 等于 $+1$ 或 -1。

为了确定双重无限关联的所有可能的不连续叠合群,现可如下进行。我们选定一点 O 作为原点,且用点阵 L 来表示我们的群 Δ 中的平移,而 L 中这些点是由点 O 在平移作用下形成的。我们群中的任意操作,可以认为是在绕 O 作了一个旋转以后再进行一个平移。其中第一部分,即旋转部分,则把点阵变成其自身。而且这些旋转部分组成了一个不连续的,因此是有限的旋转群 $\Gamma = \{\Delta\}$。用晶体学家的术语来说,正是这个群确定了该装饰的对称类(class)。Γ 必定是达·芬奇表(7)中的某个群

$$C_n, D_n \quad (n = 1, 2, 3, \cdots) \tag{8}$$

而它的操作使点阵 L 变为其自身。旋转群 Γ 与点阵 L 之间的这一关系,对它们两者都施加了某种制约。

就 Γ 而言,它只能取表中与 $n = 1, 2, 3, 4, 6$ 相对应的那些群。注

意, $n=5$ 也是被排斥在外的！因为点阵允许 $180°$ 旋转, 所以使它不变的最小旋转角应能整除 $180°$, 或者说具有下列形式：

$$360° 除以 2, 或 4, 或 6, 或 8, 或……$$

我们必须证明 8 和 8 以上的数字都是不行的。现在来讨论 $n=8$ 的情况。设 A 是所有 $\neq O$ 的阵点中最接近于 O 的一个阵点(图 59)。然后将此平面绕 O 点以 1/8 周角为转角进行一次又一次旋转, 则从 A 可以

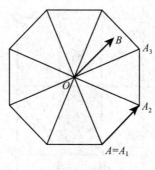

图 59

得到整个八边形 $A=A_1, A_2, A_3, \cdots$, 而它是由阵点构成的。因为 $\overrightarrow{OA_1}$, $\overrightarrow{OA_2}$ 是点阵向量, 所以它们的差, 即向量 $\overrightarrow{A_1A_2}$ 也属于我们的点阵, 或者说由 $\overrightarrow{OB}=\overrightarrow{A_1A_2}$ 确定的点 B 也应是一个阵点。然而, 因为 B 比 $A=A_1$ 更靠近 O, 所以这就矛盾了。事实上, 正八边形的边 A_1A_2 比它的半径 OA_1 小。因此对于群 Γ 而言, 我们只有下列 10 种可能性：

$$C_1, C_2, C_3, C_4, C_6; \quad D_1, D_2, D_3, D_4, D_6 \tag{9}$$

容易看出, 对于其中的每一个群, 都确实存在着一些在此群的操作下不变的点阵。

对于 C_1 和 C_2 而言, 显然任意点阵都行, 因为任意点阵在恒同旋转和 $180°$ 旋转下都是不变的。进而, 让我们来考虑 D_1, 它由恒同旋转以及关于过 O 的一根轴 l 的反射构成。有两种类型的点阵, 即矩形点阵和菱形点阵(图 60), 在此群下不变。用平行于和垂直于 l 的直线把平面分割成相等的矩形, 我们就得到矩形点阵。这些矩形的顶点就是阵点。其左下角顶为 O 的基本矩形中, 由 O 点出发的两条边 e_1, e_2 构

成了矩形点阵的一个自然基。作矩形点阵的对角线,则把平面分割成
相等的一些菱形,这就得到了菱形点阵。左下角顶为 O 的基本菱形的
两边可以用作点阵基。此时的阵点是原来矩形的顶点"○"和中心
"●"。(布朗认为梅花形五点排列"⁝●⁝"是其基本图形,而把按这种菱
形点阵排列种植树的方法称为梅花形五点栽法,尽管这种点阵与数字
5 其实根本没有关系。)基本矩形或菱形的形状和大小可以是任意的。

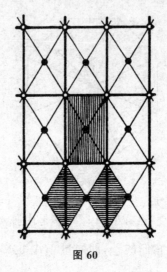

图 60

在找到 10 个可能的旋转群 Γ 和由其中每一个群所确定的不变点
阵 L 后,我们就必须把一个 Γ 和一个相应的 L 联系起来,以得到整个
叠合映射群。更深入的研究表明,虽然对于 Γ 来说只有 10 种可能性,
但是对于整个叠合群 Δ 来说,恰好有 17 种本质上不同的可能性。因
此,对于有双重无限关联的二维装饰而言,就有 17 种本质上不同的对
称性。在古代的装饰图案中,尤其在古埃及的饰物中,我们能找到所
有这 17 个对称群的例子。人们对闪耀在这些图案中的几何想象力和
创造性的那种深度,无论怎样高度评价也不会过分。从数学上来看,
他们的作品完全不是平凡的。这些装饰艺术以其含蓄的形式包含了
我们所掌握的高等数学中最古老的片段。诚然,为使这些基础性问题
得以完全抽象地表述而所需的概念工具,即变换群的数学概念,一
直要到 19 世纪才出现;而我们只有在变换群的基础上,才能证明埃及

工匠们已掌握、但未言明的 17 种对称性确实已穷尽了所有的可能性。十分奇怪的是,这一结果一直迟至 1924 年才由现在在斯坦福大学执教的波利亚(George Pólya,1887—1985)[1]证明。[2]虽然阿拉伯人对数字 5 进行了长期的摸索,但是他们当然不能在任何一个有双重无限关联的装饰设计中,正当地嵌入一个五重中心对称的图案。然而,他们尝试了各种容易让人上当的折中方案。我们可以这样说,他们通过实践证明了在饰物中使用五边形是不可能的。

虽说可与不变点阵相联系的旋转群只有表(9)中所示的那 10 种,这句话的意思是够清楚的,但是当我们断言最多只有 17 个不同的装饰群时,就需要对此加以解释了。例如,若 $\Gamma = C_1$,则群 Δ 就只含平移。不过此时任意点阵都是可能的,因为由点阵的两个基本向量所张成的基本平行四边形,其形状和大小都可以是任意的,所以我们就能在可能性的一个连续的无限流形(manifold)中进行选择了。在得出数字 17 时,我们是把所有这些不同的选择都只当作是一种情况来对待的;那么,我们这样做的根据是什么呢?这里我们需要用到解析几何。如果从仿射几何出发,来看我们的平面,那么它就还附带有下列两个结构:(i) 度量结构,由此,每个向量 x 都有一个长度,而长度的平方是用其坐标表达的一个正定二次型(3),即度量基本形式来表达的;(ii) 点阵结构,这是由于装饰物使我们的平面具有了一个向量点阵。在通常的做法中,我们首先考虑度量结构,因而引入笛卡儿坐标系,而使得在这些坐标系中度量基本形式具有唯一的一个正规化表达式 $x_1^2 + x_2^2$。然而,这样一来在不变点阵的连续流形的代数表示中,就仍还保留着一种可变元素。不过,代替只采用笛卡儿坐标使我们的坐标适合于该度量的做法,我们也可以先考虑点阵结构,且把 e_1, e_2 选为点阵基,从而使得坐标适合于该点阵。其结果是:此时的点阵,当用相应的坐标 x_1, x_2 来表达时,便能以唯一确定的方式使之正规化。事实

---

① 波利亚,出生于匈牙利的美国数学家和教育家。著有《数学与猜想》《数学的发现》和《怎样解题》等。上海科技教育出版社于 2002 年出版了《怎样解题》中文版。——译者

上,现在的点阵向量正好是其坐标为整数的那些向量。一般来说,我们并不能同时达到下列两个要求:既有一个坐标系,使得此时的度量基本形式以正规化形式 $x_1^2 + x_2^2$ 出现;又有一个点阵,它只含所有具有整数坐标 x_1, x_2 的向量。现在我们就采用第二种做法。结果表明,这种方法从数学上来说是更为优越的。我认为,上述分析对于所有结构和形态的研究都具有根本意义上的重要性。

作为例子,我们再来研究一下 D_1。如果不变点阵是矩形的,而且我们按上述的自然方式来选取点阵基,那么 D_1 由恒同操作及操作

$$x_1' = x_1, \quad x_2' = -x_2$$

组成。此时的度量基本形式可以是 $a_1 x_1^2 + a_2 x_2^2$ 这一特殊类型的任意正定形式。如果不变点阵是菱形点阵,而我们又把基本菱形的边选为点阵基,那么 D_1 就由恒同操作和进一步操作

$$x_1' = x_2, \quad x_2' = x_1$$

组成。此时的度量基本形式可以是 $a(x_1^2 + x_2^2) + 2b x_1 x_2$ 这一特殊类型的任意正定形式。然而我们现在得到了两个具有整系数的线性变换群 D_1' 和 D_1'' 而不是 D_1,它们虽然是正交等价的,却不再是幺模等价的了。其中一个群由系数矩阵

$$\begin{pmatrix} 1 & 0 \\ 0 & 1 \end{pmatrix}, \quad \begin{pmatrix} 1 & 0 \\ 0 & -1 \end{pmatrix},$$

所表示的两个操作构成;而另一个群的两个操作的系数矩阵是

$$\begin{pmatrix} 1 & 0 \\ 0 & 1 \end{pmatrix}, \quad \begin{pmatrix} 0 & 1 \\ 1 & 0 \end{pmatrix}。$$

对于两个齐次线性变换群,如果它们都表示同样一些操作构成的群,其中一个群是用一个点阵基来表示,另一个群是用另一个点阵基来表示的,亦即如果可以通过坐标的一个幺模变换将它们中的一个变成另一个,那么,我们当然就把它们称为是幺模等价的。

在适合点阵的坐标系中,$\varGamma$ 的操作现在是作为具有整系数 a_{ij} 的齐次线性变换(4)而出现的。因为当每一个操作都把点阵变成其自身

时，只要我们赋予 x_1 和 x_2 整数值，则 x_1' 和 x_2' 就取整数值。关于在选取点阵基时所允许有的任意性，现在就可以用把彼此幺模等价的线性变换群视为一回事这一约定来表述。除了具有整系数外，Γ 的变换会使某一正定二次型(3)不变。但是，这实际上并不增加任何新的限制。事实上，对于任意实系数的线性变换有限群，我们都能够证明，可以构造一些在这些变换下不变的正定二次型。[3] 那么，存在着多少个不同的（即幺模不等价的）具有双变量整系数的线性变换有限群呢？是否还是表(9)中我们的那些 10 个老相识呢？不！现在更多了。因为正如我们已经看到的，譬如说，D_1 已分裂为两个不等价的 D_1^a 和 D_1^b。对于 D_2 和 D_3 也会发生同样的分裂，所以我们的结论是，恰好有 13 个幺模不等价的具整系数的线性运算有限群。从数学观点来看，真正令人感兴趣的是这个结果，而不是具有不变点阵的那 10 种旋转群的表(9)。

在最后一步中，我们必须引入操作的平移部分，这样我们就得到了 17 个幺模不等价的、由非齐次线性变换构成的不连续群。这些变换包含所有下列平移：

$$x_1' = x_1 + b_1, \quad x_2' = x_2 + b_2$$

（式中 b_1 和 b_2 为整数），而不包括其他平移。要达到这最后一步几乎是没有多大困难的，而尚要做出说明的是，最好是根据不考虑平移部分而得到的齐次变换的那 13 个有限群 Γ 来进行。

至此我们只考虑了平面的点阵结构。当然，对于平面的度量结构也不应一直置之不理。正是在这里，问题的连续性的一面登场了。对于这 13 个群中的每一个 Γ，都存在着一些不变的正定二次型：

$$G(x) = g_{11}x_1^2 + 2g_{12}x_1x_2 + g_{22}x_2^2.$$

这样一个形式是由其系数（g_{11}, g_{12}, g_{22}）来表征的。Γ 并不能唯一地确定 $G(x)$。例如，我们可以用 $G(x)$ 的任意倍数 $c \cdot G(x)$ 来代替它，这里 c 是一个正的实常数因子。在 Γ 的操作下，保持不变的所有正定二次型 $G(x)$ 构成了一个性质简单的、维数为 1，2 或 3 的连续凸"锥面"。例如，在 D_1^a 和 D_1^b 两种情况下，我们就有分别由 $a_1x_1^2 + a_2x_2^2$ 型和 a

$(x_1^2 + x_2^2) + 2bx_1x_2$ 型的所有正定型构成的二维流形。度量基本形式总是不变形的流形中的一个形式。

在对装饰群 Δ 的完整描述中,我们一直把那些离散的特性与那些能在一个连续流形中变化的特性明确地加以区分。我们用适合点阵的坐标来表示群,从而来显示离散特性。而且结果证明该离散特性是 17 个确定的不同群中的一个所表征的。对于其中的每一个群,都有一个由度量基本形式 $G(x)$ 的各种可能性构成的连续统(continuum)与之对应,而那个真实存在的度量基本形式必须从中挑选出来。如果注意到以下事实,那么选取适合点阵的坐标系,而不是选取适合度量的坐标系的优点就明显了:因为此时的可变元素 $G(x)$ 是在一个简单的凸连续流形上变化;而若采用适合度量的坐标,则此时以可变元素面貌出现的点阵 L,如 D_1 的例子所表明的那样,将在一个可能由几部分构成的连续统上变化。只要我们看一下从被截去平移的齐次群 $\Gamma = \{\Delta\}$ 过渡到完整的装饰群 Δ 时的情况,这一优点就完全显示出来了。分离出某些是离散的以及某些是连续的,依我看来,这是在一切结构和形态研究中的一个根本问题。而在装饰品和晶体的结构和形态研究中,由于我们把这两种特性明显地区分了开来,所以这就树立起了一个杰出的典范。

在讨论了所有这些多少有点抽象的数学概括后,现在让我们来看几幅具有双重无限关联的表面装饰图。你们在墙纸、地毯、砖地、镶木地板,各种妇孺衣料,特别是印花布等中都能找到它们。一旦我们的视界打开了,我们日常生活圈子里的那些无数的对称图案,就会使我们惊讶不已。阿拉伯人曾是最伟大的几何装饰艺术大师。用来装点有阿拉伯渊源的建筑物[像格拉纳达(Granada)①的阿尔汗布拉宫(Alhambra)②]中墙壁上的拉毛粉饰,其丰富的程度着实使人叹为观止。

为了描述二维装饰图案,知道二维中的叠合映射是怎样的,是有

---

① 西班牙南部城市。——译者
② 意译"红宫",即中世纪摩尔人统治者在西班牙建立的格拉纳达王国的宫殿。——译者

好处的。一个真运动可以是平移，也可以是绕点 O 的旋转。如果在我们的对称群中出现了此种旋转，而且所有绕 O 点的旋转都是该旋转（转角为 $360°/n$）的整数倍，那么我们把 O 称为一个重数（multiplicity）为 n 的极点，或简称为 n 重极点。我们知道，n 的取值只能是 2，3，4，6。一个非真叠合，或是一个关于一条直线 l 的反射，或是这样的一个反射与沿 l 的一个平移 a 的复合。如果在我们的群中出现了非真叠合，那么我按上述两种情况分别把 l 称为轴或滑移轴。在后一种情况中，进行叠合迭代便能得出向量 $2a$ 给出的平移。因此滑移向量 a 必定等于我们群中的一个点阵向量的一半。

第一幅图（图 61）是有关六边形点阵的。我们今天的讲演就是从讨论六边形点阵开始的。它具有极为丰富的对称性。有重数各为 2，3 和 6 的极点，它们在图中分别用点、小三角和小六角形来表示。连接两个六重极点的各向量是点阵向量。图中的直线都是轴。同时也有滑移轴，只是我们在图中并未把它们画出来；它们平行于轴，并与相邻的两根轴等距。可能的六边形类型的对称群有 5 个，只要在每一个六重极点上分别放上简单的图案 $6,6',3',3a$ 或 $3b$，就能得到它们。图案

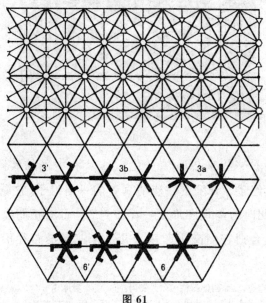

图 61

6 和图案 6′ 使得这些极点的重数仍为 6，只是 6′ 破坏了对称轴。图案 3′, 3a 和 3b 使这些极点的重数减小为 3，其中 3′ 是没有对称轴的。在 3a 中，轴通过每一个三重极点；而在 3b 中，轴只通过重数曾是 6 的那些点（其个数为整个数目的三分之一）。此时的齐次群分别是 D_6, C_6, C_3, D_3, D_3^0，其中 D_3 和 D_3^0 是 D_3 在适合点阵的坐标系中所呈现出的两个幺模不等价形式。

图 62

接下来请看一些来自摩尔文化[①]、埃及和中国的实际装饰物品。图 62 是 14 世纪建于开罗的一座清真寺的一扇窗子，它属于六边形类 D_6 对称型。此时的基本图形是一个三叶结，而工匠们以超凡的艺术手法用种种组合把它们交织起来。几乎未遮断的路径沿着从水平方

[①] 在 8—13 世纪，北非西部的柏柏尔人和阿拉伯人［史称摩尔人（Moor）］进入并统治伊比利亚半岛。他们把新的农作物品种和农业技术带进了西班牙，并与当地居民共同创造了高度的文化，这种文化叫摩尔文化。它对西欧近代文化的形成起过一定的作用。——译者

向通过旋转 $0°,60°,120°$ 而得出的三个方向穿越了整个图案。这些路径的各中线都是滑移轴。你们容易找出是普通轴的那些直线。格拉纳达的阿尔汗布拉宫中有一座百合花大厅(Sala de Camas),其中用来

图 63

装饰其壁龛后部的彩色贴砖的图案(图 63)就没有这样的轴,这里的群是 $3'$ 或 $6'$,依我们是否考虑到颜色带来的区别而定。这是装饰艺术中更为巧妙的手法之一:由某一群 Δ 所表示的几何图案的对称性,通过涂色而减低为由 Δ 的子群所表示的一个较低的对称性。铺砖路面所采用的图案(图 64)是大家所熟悉的。它显示出正方形类 D_4 所具有的对称性。此时没有普通轴,而只有滑移轴通过四重极点(我们用黑点标明了其中的一点),这是一件十分有趣的事。图 65 所示的埃及装饰图,以及图 66 所示的两张摩尔装饰图,也都具有同样的对称性。琼斯(Owen Jones)撰写的《装饰的基本原理》(*Grammar of Ornaments*)是论述此课题的一部不朽的巨著,我们的一些插图就是从中选取的。

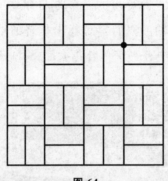

图 64

图 65

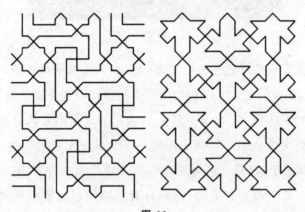

图 66

戴伊(Daniel Sheets Dye)编著的《中国窗格的基本原理》(*Grammar of Chinese Lattice*)是一部更为专门的著作,该书论述中国人用来支撑纸窗上的糊窗纸而设计的窗格。我复制了该书中具有特色的两幅图案

（图 67 和图 68），其中一幅是六边形的，而另一幅是 D_4 型的。

图 67

图 68

  我多么希望能详细地去分析一下其中的一些装饰品。可是要这样做的话，就得先对那 17 个装饰群作一番精准的代数描述。这次讲演原来就打算着重阐明作为装饰品（及晶体）的结构和形态研究基础的一般数学原理,而不是对装饰品逐个进行群论分析(group-theoretic analysis)。不过由于时间上的限制,无论是抽象方面还是具体方面,我都没能给予充分恰当的处理。我尽力解释了一些基本的数学概念,而且给你们看过一些图片:我已指明了联系两者之间的桥梁,却不能领着你们一步步跨过桥去。

四、晶体·对称性的一般数学概念

· Part Ⅳ Crystals · The General Mathematical Idea of Symmetry ·

　　对称是一个十分广泛的课题,它在艺术和自然界中均有重大意义。数学是它的根子,而且,很难再找一个更好的课题来表现数学智慧的运作。我希望我在向你们指出对称的众多的枝杈,而且在引导你们登上那从直觉概念通向抽象思想的梯子中,我没有完全失败。

——外尔

上一讲中,对于二维情况我们考虑了就下列诸情况编制相应完整的表的问题:(i) 齐次正交变换的所有正交不等价有限群的表;(ii) 具有不变点阵的所有此种群的表;(iii) 带有整系数的齐次变换的所有幺模不等价有限群的表;(iv) 那些仅包含整数坐标平移的,而不包含其他平移的非齐次线性变换的所有幺模不等价不连续群的表。

问题(i)的解答由达·芬奇的表

$$C_n, D_n \quad (n = 1, 2, 3, \cdots)$$

给出。把该表中的下标 n 限制为 $n = 1, 2, 3, 4, 6$ 即给出了问题(ii)的解答。人们证明了这四张表中所包含群的数目 $h_{\mathrm{I}}, h_{\mathrm{II}}, h_{\mathrm{III}}, h_{\mathrm{IV}}$ 原来分别是

$$\infty, 10, 13, 17。$$

毫无疑问,问题(iii)是最重要的。人们本可以不对二维平面,而对一维直线同样提出这四个问题。不过此时的回答是十分简单的,人们会发现所有的数 $h_{\mathrm{I}}, h_{\mathrm{II}}, h_{\mathrm{III}}, h_{\mathrm{IV}}$ 都等于 2。事实上,在(i),(ii),(iii)这三种情况中,所考虑的群或是只由一个单独的恒同变换 $x' = x$ 构成,或是由恒同变换和反射 $x' = -x$ 构成。

不过,我们现在打算要去做的并不是从二维降低到一维,而是从二维上升到三维。在第二讲结束时,我们已列出三维中的所有有限旋转群。这里,我们再罗列一下:

表 A

$$C_n, \quad \overline{C}_n, \quad C_{2n}C_n \quad (n = 1, 2, 3, \cdots),$$

$$D'_n, \quad \overline{D'_n}, \quad D'_{2n}D'_n, \quad D'_nC_n \quad (n = 1, 2, 3, \cdots),$$

$$T, W, P; \quad \overline{T}, \overline{W}, \overline{P}; \quad WT。$$

如果我们要求群的操作能保持一个点阵不变,那么只有那些重数为 2,3,4,6 的旋转轴才是允许的。根据这一限制,表 A 就简化为

◀ 皮特里投影

表 B

$$C_1,C_2,C_3,C_4,C_6; \quad \overline{C}_1,\overline{C}_2,\overline{C}_3,\overline{C}_4,\overline{C}_6;$$

$$D'_2,D'_3,D'_4,D'_6; \quad \overline{D'}_2,\overline{D'}_3,\overline{D'}_4,\overline{D'}_6;$$

$$C_2C_1,C_4C_2,C_6C_3;$$

$$D'_4D'_2,D'_6D'_3;$$

$$D'_2C_2,D'_3C_3,D'_4C_4,D'_6C_6;$$

$$T,W,\overline{T},\overline{W},WT。$$

其中一共有 32 个成员。我们容易让自己相信,这 32 个群中的每一个都拥有不变点阵。在三维情况下 $h_{\mathrm{I}},h_{\mathrm{II}},h_{\mathrm{III}},h_{\mathrm{IV}}$ 的数值为

$$\infty,32,70,230。$$

如果要以代数的方式表述,那么我们的问题就不必只局限于在二维或三维情况,而可以对任意 m 个变量 $x_1,x_2,\cdots,x_m$ 提出。而且一些相应的有限性定理(theorems of finiteness)也已被证明了。这些方法在数学上极有价值。"度量加点阵"这一组合是二次型的算术理论的基础。这一理论是由高斯(Gauss)所开创的,并在整个 19 世纪的数论中起了中心作用。狄利克雷(Diriehlet)和埃尔米特(Hermite)以及更近一些的闵可夫斯基和西格尔(Siegel),已在这一研究路线上做出了贡献。对 m 维空间中的装饰对称性进行的研究就是基于他们所取得的成就,以及基于有关所谓的代数或超复数数系(hypercomplex number systems)的更精细的算术理论。上一代的代数学家,例如在美国首推迪克森(L. Dickson),在对后者的研究方面做出了极大的努力。

我们用平面装饰物来装饰表面。艺术从未进入立体装饰的领域。但在自然界中却有立体装饰。原子在晶体中的排列就是这样的图案。晶体的几何形状及其平坦的表面是自然界中一个引人入胜的现象。然而,晶态物质的真正物理对称性,更多地是由其内部物理结构所揭示的,而不是其外形所显示的。让我们设想这种物质是充满整个空间的。晶体的宏观对称性能用一个旋转群 Γ 来表示。晶体只有在空间

中的这一些取向上,在物理上才是不可区分的,因为它们可以通过这个群的一个旋转,从一个方向转变到另一个方向。譬如说,光在晶态介质(crystalline medium)的不同方向上一般是以不同的速率传播的,但是对于由群 Γ 的旋转联系起来的任意两个方向上来说,光却是以同样的速率传播的。对于所有其他的物理性质亦复如此。对于各向同性介质(isotropic medium)来说,群 Γ 是由所有的旋转构成的,但是对于晶体来说,Γ 只由有限个旋转构成,有时甚至只由恒同变换构成。在晶体学史的早期,人们从晶体的平坦表面的排列中导出了有理指数定律(law of rational indices)。这就导致了晶体有点阵状原子结构的假说。这个假说能解释有理指数定律,现已由劳厄(Max von Laue,1870—1960)[①]干涉图样完全证实。劳厄干涉图样实质上就是晶体的 X 射线照相。

更精确地说,该假说指出,那些使晶体中的原子排列变成它自身的叠合所构成的不连续群 Δ,包含最大数为三个的线性无关平移。附带说一下,可以把这个假说简化为一些简单得多的必要条件。那些由 Δ 中的一个操作使之互相置代的原子可以称为等价的。等价的原子构成一个规则的点集(point-set)。这指的是:Δ 中的每一个操作把该点集变为其自身,而且对于该点集里的任意两点而言,则在 Δ 中存在着一个操作,能使它们中的任一个变为另一个。当说到原子的排列时,我指的是它们的平衡位置。实际上,原子在这些平衡位置附近振动。或许我们应该按量子力学所指引的,用原子的平均分布密度来代替原子的精确位置:空间中的这个密度函数对于 Δ 的操作是不变的。由 Δ 中那些元素(叠合)的旋转部分构成的群 $\Gamma=\{\Delta\}$ 使得点的点阵 L 不变,这时的 L 是由对于原点 O 进行 Δ 中所包含的平移操作而产生的。表 B 列举了对于 Γ 得出的 32 种可能性,它们分别对应于晶体中

---

① 劳厄,德国物理学家。他第一个用晶体作光栅发现了 X 射线的衍射现象,从而既证明了晶体的点阵结构,又证明了 X 射线是一种光波。他因此荣获了 1914 年诺贝尔物理学奖。——译者

存在的 32 种对称类。对于群 Δ 本身,我们有 230 种不同的可能性,这在上面已经提到过了。[1]尽管 $\Gamma=\{\Delta\}$ 描述了明显的宏观的,空间的和物理的对称性,然而 Δ 却定义了隐藏在其背后的微观的原子对称性。你们或许都知道劳厄对晶体照相的成功取决于什么。一个物体被某种波长的光线所照射,其勾绘出的像只有当其细节比起波长来要大得多时才是相当清晰的,而尺度比波长小的那些细节就变得不清晰了。好了,普通光的波长大约是原子距离的 1000 倍。然而,X 射线波长的数量级为 10^{-8} cm,这正是所需要的光。这样劳厄就一箭双雕了:他既证实了晶体的点阵结构,又证明了 X 射线是短波长的光,后者在他做出这种发现时(1912 年),尚属一种尝试性的假说。即使如此,他的照片所显示的那些原子图样也不是通常意义上的那种肖像。通过观察一条宽度仅为几个波长的狭缝,你们能得到的是,这一狭缝由干涉条纹组成的多少有点扭曲的像。在同样意义上,这些劳厄照片(Laue diagrams)也是原子点阵的干涉图样。但是人们可以从这种照片计算出原子的实际排列,其尺度由照射的 X 射线的波长决定。图 69 和图 70 是两张闪锌矿的劳厄照片,两者都取自劳厄的原始论文(1912

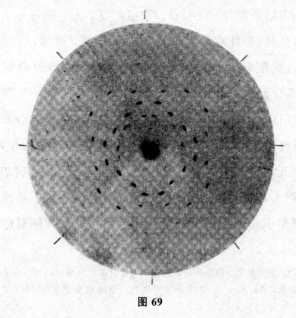

图 69

年),它们是分别沿能呈现出阶数为 4 和 3 的绕轴对称性的方向拍摄的。

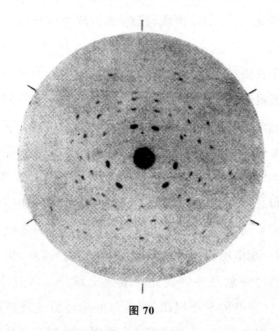

图 70

图 71 给出了原子实际排列的一个三维(放大)模型的照片,就刊

图 71

印本讲稿而言,这必已足够了。然而,在口头讲演时,我还能给你们看一些各种各样的模型。图 71 所显示的是锐钛矿晶体的一小部分,它由化合物二氧化钛（TiO_2）构成,浅色的小球是钛原子,深色的是氧原子。

尽管图中有损坏我们的 X 射线像的一切畸变,但是晶体的对称性还是忠实地表现出来了。这是下列一般原理的一个特例:如果有一些条件能唯一地确定它们的结果,而这些条件又具有某种对称性,那么这一结果也应具有同样的对称性。因此,阿基米德先验地推断出如下结论:相等的重量在等臂长的天平的两边保持平衡。事实上,此时的整个构形相对于天平的中位面是对称的,因而不可能一个上翘而另一个下沉。出于同一道理,我们可以深信在投掷一粒完整正立方体型的骰子时,每一面出现的概率均相同,都为 1/6。因此,我们有时就能根据对称性的考虑就某些特例先验地做出预言。然而,对于一般情况,例如不等臂天平的平衡规律,那就只能由经验或最终还是由基于经验的物理原理来决定了。在我看来,物理学中所有的先验性陈述都有其对称性的根源（all a priori statements in physics have their origin in symmetry.）。

在这一段关于对称性的认识论方面的议论后,我想再说几句。当今,晶体结构和形态的规律是借助于原子动力学（atomic dynamics）来理解的:如果同等的原子彼此施加力,而这些力使得原子的系综（atomic ensemble）有可能处于一个明确的平衡状态,那么处于平衡状态的这些原子必定会把它们本身排列成有规律点系（regular system of points）。组成晶体的这些原子的性质,在给定的外界条件下,决定了它们在度量上的布局。而囊括在 230 种对称性群 Δ 中的纯结构和形态上的研究,仍为这一度量上的布局留下了可能性的一个连续范围。晶格动力学（dynamics of the crystal lattice）也能说明晶体的物理行为,特别是对于晶体的生长方式,而这又反过来决定它在各环境因素影响下所具有的独特形状。于是,自然界中实际存在着的晶体会呈现出各种类型可能的对称性,其不同形式之繁多足以使卡斯托普在他的"魔山"上惊叹不已,这就不足为奇了。物质客体的可见特性通常是其组成和环境影响的结果。水(其分子具有明确的化学组成)是以固体、液体状态出现还是以气体状态出现,这要根据温度的不同而定。温度是至尊的(kat′ exochen①)环境因素。晶体学、化学和遗传学方面的例子,使人们猜想这一双重性[生物学家们的用语是基因型的和表型的双重性,或者说是天然(nature)与教化(nurture)的双重性]以某种方式与离散和连续之间的区别密切有关。我们已经看到,如何以一种非常令人信服的方式,把晶体特性中的这种离散和连续的性质区分开来。不过,我并不否认,一般性的问题仍需要在认识论上进一步澄清。

现在是我结束关于寓于装饰和晶体之中的几何对称性的讨论的恰当时候了。最后这一讲的主要目的是:表明对称性原理在性质更为基本得多的一些物理和数学问题中也是起作用的,并且我们要从这些应用以及从前面给出的它的另一些应用上升到对于该原理本身的一个最终的一般陈述。

相对性理论(theory of relativity)与对称性有何关系,这问题我们在第一讲中已作过简要解释:人们在研究空间中的几何形状的对称性之前,必须对空间本身所具有的对称性结构加以研究。空无一物的空间具有非常高度的对称性:每一点都与任何其他点一样,而且在一点上的诸多不同方向之间亦无内禀的差别。我曾讲过,莱布尼茨对于相似性的几何概念给出了哲学上的意想不到的下列经典解:他说,相似指的是两个事物,如果就其中的一个本身来考察的话,它们是不能区分的。因此,同一平面中的两个正方形,当人们考虑它们彼此之间的关系时,可能会显示出许多差异,例如,一个正方形的各边可能对于另一正方形的相应的边倾斜 34°。但是如果每一个正方形就其本身而言,那么关于其中一个所做的任何客观陈述对于另一个也照旧成立;在此意义上它们是不可区分的,因而是相似的。我将通过"竖直"这个

---

① 希腊语,作至尊解。——译者

词的含义来说明一个客观陈述必须满足的必要条件。与伊壁鸠鲁
(Epicurus,公元前 341—前 270)①相反,我们现代人并不认为"一条竖
直的直线"是客观陈述,因为我们把它看成是"该线具有某一点 P 处的
重力方向"这一更为完善的陈述的一种简略说法。这样,重力场就作
为一个因事而异的偶然因素进入了该命题,而且,还有一个个别呈现
的点 P 也进入了这个命题。这个点,刚才我用手势指了一下它的位
置,如果用言语来表达,则就要用诸如"我""在这里""现在"和"就是这
一点"这些话了。一旦认识到我住的地方的重力方向和斯大林(Sta-
lin,1879—1953)②住的地方的重力方向是不同的,而且重力方向也会
随着物质的重新分布而改变,伊壁鸠鲁的信念就马上动摇了。

对于客观性的分析,我们不再去作更完整的讨论,这里扼要说几
句就够了。具体地说,就几何而言,我们已像亥姆霍兹那样把叠合的
关系取作空间中的一个基本客观关系。在第二讲一开始,我们谈到了
叠合变换群,它作为一个子群被包含在所有相似变换构成的群中。在
继续讨论之前,我想稍微深入地来澄清一下这两个群之间的关系。因
为这里有着长度的相对性(relativity of length)这一令人不安的问题。

在通常的几何学中,长度是相对的:一幢大楼和它的缩小了的模
型是相似的;在此时的自同构中包含了伸缩。但是正如物理学已揭示
的,在原子的组成中,或者更确切地在基本粒子(特别是具有确定电荷
和质量的电子)的组成中,已确立了一个绝对的标准长度。通过由原
子发射出来的光谱线的波长,这个原子标准长度就可在实际测量中得
到。从自然界本身得出的这种绝对标准,要比保存在巴黎国际度量衡
局的保管库中的铂-铱米原器好得多。我认为实际的情况应作如下的
描述。相对于一个完备的参照系,不仅空间中的点而且所有的物理量
都能用数字来加以确定。如果在两个参照系中,自然界的所有普适的
几何定律和物理定律都具有同样的代数表达式,那么这两个参照系就

---

① 伊壁鸠鲁,古希腊哲学家。——译者
② 斯大林,苏联共产党总书记、部长会议主席。——译者

是同样可采用的。联系此种同样可采用的参照系之间的那些变换,就构成了物理自同构(physical automorphisms)群;那些自然定律对于这个群的变换是不变的。事实上,这个群的一个变换乃由该变换中与空间点坐标有关的那一部分唯一地确定。于是,我们可以谈论空间的物理自同构。由空间的物理自同构构成的群并不包含伸缩,因为原子的规律确定了一个绝对长度;不过它包含反射,因为还没有一个自然定律指出左和右之间有着本质的差别。① 因此,物理自同构群就由所有的真的和非真的叠合映射构成。如果空间中的两个构形在这个群的一个变换下,能由其中的一个变为另一个,我们就称这两个构形是叠合的。于是,互为镜像的物体就是叠合的。我认为有必要用叠合的这一定义取代依赖于刚体运动的那个定义,其原因与导致物理学家用温度的热力学定义②取代用普通温度计来定义温度的道理相似。一旦确定了物理自同构群=叠合映射,我们就可以把几何学定义为讨论空间图形之间叠合关系的学科,于是几何自同构(geometric automorphisms)将是把任何两个叠合图形变成叠合图形的那些空间变换。人们不必像康德那样,为这种几何自同构群比物理自同构群更宽泛并且包含伸缩而感到惊奇。③

上面的这些考虑都有一欠缺之处:它们忽略了物理事件不只是发生在空间里,而且发生在空间与时间(space and time)中。世界伸展着,它并不是一个三维而是四维连续统。这个四维环境的对称性、相对性或均匀性,首先由爱因斯坦(Einstein)作了正确描述。我们此时要问:两个事件出现在同一地点这一陈述是否有客观意义?我们倾向于说"有"。不过清楚的是,如果我们这样说的话,我们是把位置理

---

① 参见第19页脚注。——译者
② 即热力学温标,或绝对温标。它与测温物质的性质无关。1848年由汤姆逊(开尔文)所创立。——译者
③ 例如,在平面几何中,叠合的图形即是全等的图形,此时物理自同构群即是由所有的旋转、反射和平移构成的群。然而,在研究相似图形时,我们要引入相似变换。此时的几何自同构群除了包括上述物理自同构群的元素外,还有相似变换。——译者

解为相对于我们在其上生活的地球的位置。但是，我们能肯定地球是静止不动的吗？就连我们的后辈们，现在在学校里也学到，地球是自转的，并在空间中运动。牛顿写了《自然哲学之数学原理》(*Philoso naturalis principia methematica*)这部专著来回答这个问题，正如他所说的，要从物体之间的差别（即可观察的相对运动）以及从作用在这些物体上的力来导出物体的绝对运动。然而，虽然他坚信绝对空间(absolute space)，即相信两事件出现在同一地点这种陈述的客观性，但他只是把匀速直线运动（即所谓的均匀平移）与所有其他运动客观地区分开来，而在想把质点的静止与所有其他可能的运动客观地区分开来的这一点上，他却并未成功。再者，两个事件发生在同一时刻（但在不同的地点，譬如说一个在这里，另一个在天狼星上）这一陈述是否有客观意义？在爱因斯坦之前，人们都说"有"。这种信念的基础明显在于，人们惯于把一个事件认为是发生在他们观察到它的那个时刻。但是这种信念的基石早就被罗默(Olaf Roemer，1644—1710)①的发现（光并不是瞬时传播的，而是以有限的速度传播的）打碎了。这样，人们就开始认识到，在四维时空(space-time)的连续统中，只有两个世界点(world points)的重合（"这里—现在"）或它们的最紧邻关系，才具有直接可验证的意义。但是，把这个四维连续统分成由同时性(simultaneity)给出的一些三维层面，加上一个一维纤维［空间中由静止点形成的世界线(world-lines)］构成的交叉纤维化(cross-fibration)是否能描述这一世界结构的客观特征，就变得令人怀疑了。爱因斯坦所做的工作，是他无偏见地收集了我们已掌握的所有有关这个四维时空连续统真实结构的那些物理证据，并由此导出它的真正的自同构群。这个群被称为洛伦兹群(Lorentz group)，它是以荷兰物理学家亨德里克·洛伦兹(Hendrik A. Lorentz，1853—1928)②的名字命名的，他作为爱

① 罗默，丹麦天文学家，他对木卫食的观测，使他发现了光速是有限的。——译者
② 洛伦兹，荷兰物理学家，曾获 1902 年诺贝尔物理学奖。他导出的惯性系之间的变换式对爱因斯坦建立相对论起了很大的作用。——译者

因斯坦的施洗者约翰为相对性的信条铺平了道路。根据这个群,人们证明了原本既不存在由同时性构成的各不变层次,也不存在由静止构成的各不变纤维。光锥(light cone)[即所有世界点的轨迹,它们都能接收到从一确定的世界点 O("这里—现在")发出的光信号]把世界分成将来和过去两部分,即分成仍能受我在 O 点所做的事影响的那一部分和不受影响的另一部分。这意味着没有一个效应能比光传播得更快,世界具有客观的因果结构(objective causal structure),这种结构是由从每一世界点 O 得出的各光锥描述的。在这里要写出洛伦兹变换(Lorentz tfansformations),以及概述狭义相对论(special relativity theory)及其确定的因果结构和惯性结构是如何让位于广义相对论(general relativity)的(在广义相对论中由于这些结构与物质的相互作用,它们已成为可变通的了),就会显得不合适了。[2]我只想指出,相对论论述的正是空间和时间这个四维连续系统的固有对称性(inherent symmetry)。

我们发现,客观性(objectivity)即意味着对于这个自同构群的不变性(invariance)。对于实际的自同构群是什么的问题,实在(reality)并不总是能给出明了的回答,而且对于某些研究的目的而言,用一更宽泛的群来代替它可能是十分有用的。例如在平面几何中,我们可能仅对在平行投射或中心投射下不变的那些关系感兴趣;这就是仿射几何和射影几何的起源。对于一个给定的变换群如何去找出它的不变量(不变关系,不变的数量等)?数学家通过提出这一普遍问题,以及在比较重要的特殊的群下解决这一问题(不管这些群是否是自然界所提示的某种领域的自同构群),来对所有可能发生的情况预先做好准备。这就是克莱因(Felix Klein,1849—1925)[1]在抽象意义上所称的"一种几何学"。克莱因说,一种几何学是由一个变换群定义的,它研究在这一给定群的变换下所有保持不变的对象。人们是对于整个群

————————

① 克莱因,德国数学家。1872 年他在埃尔朗根纲领(Erlanger Program)中指出,无限的变换群可以用来对几何进行分类。——译者

的一个子群 γ 来谈及对称性的。有限子群应受到特别的关注。一个图形,亦即任何一个点集,如果在该子群 γ 的变换下变为它自身,那么我们称它具有由 γ 定义的那一类特殊对称性。

相对论和量子力学(quantum mechanics)的创建,是 20 世纪物理学中的两大事件。在量子力学和对称性之间是否也存在着某种联系?确实是有的。对称性在处理原子光谱和分子光谱时起着巨大的作用,而量子物理学原理却提供了理解这些光谱的钥匙。在量子物理学取得首次成功之前,人们已汇集了有关光谱线的大量经验资料。诸如它们的波长和它们排列的规律性。这一成功指的是导出了所谓氢原子光谱的巴尔末系(Balmer series)的定律,并指出了出现在这一定律中的特征常量如何与电子的电荷和质量以及普朗克(Max Planck,1858—1947)[①]的著名的作用常量 h 联系在一起的。从那时起,对光谱的解释就伴随着量子物理学的发展。那些有决定性意义的新特征,如电子自旋和泡利(Wolfgang Pauli,1900—1958)[②]提出的那个奇异的不相容原理,就是这样发现的。后来的结果表明,一旦这些基础奠定了,对称性就会大大有助于阐明光谱的一般特征。

近似地说,原子是一大群电子(譬如说,n 个)绕固定在 O 点的核运动。我所以用"近似"这个词,是因为假定原子核是固定的这一个并不严格成立,甚至比在我们的行星系中把太阳当作固定中心来处理的根据还要不足。因为太阳的质量是像地球这样的单个行星的质量的300000 倍,而作为氢原子核的质子,其质量却不到电子质量的 2000倍。即使如此,这还是一个很好的近似! 为了区分这 n 个电子,我们

---

① 普朗克,德国物理学家。他于 1900 年首次引进了量子概念,他假设黑体不能连续地发射和吸收能量,只能以 $h\nu$ 为能量单位不连续地发射和吸收频率为 ν 的辐射。其中 $h=6.626176$ $\times 10^{-34}$ 焦耳·秒,h 或 $\hbar \equiv h/2\pi$ 称为普朗克常量,它是自然界最基本的常量之一。为此他荣获了 1918 年诺贝尔物理学奖。——译者

② 泡利,奥地利物理学家。后寄居美国。他在分析了两个价电子的原子中,当两个电子的轨道角动量都为零时,电子的组态只有单态而没有三重态(由光谱线的规律得出)这一实验事实后,做出了如下结论:凡是自旋为 $\hbar=2$ 的奇数倍的粒子,即所谓的费米子,不可能有两个或更多个粒子处于同一个状态中。这就是所谓的泡利不相容原理,它已为许多实验事实证实,并已被视为微观世界中的基本规律之一。泡利因此荣获了 1945 年诺贝尔物理学奖。——译者

给它们加上标号 $1, 2, \cdots, n$；这些电子是通过对于以 O 为原点的笛卡儿坐标系的位置坐标 $P_1, P_2, \cdots, P_n$ 而进入支配它们运动的一些定律中去的。这里，主要的对称性是双重的。首先，从一个笛卡儿系转变到另一个笛卡儿系时我们必定有不变性；这种对称性来自空间的旋转对称性，并用关于 O 点的几何旋转群来表示。其次，所有的电子都是全同的，用 $1, 2, \cdots, n$ 这些标号来区分它们并不是本质性的，而只是名义上的：一个电子体系与对它进行一个任意置换而得到的另一个电子体系，这两者是不可区分的。置换即是这些标号的一个重新排列；这实际上是一组标号 $(1, 2, \cdots, n)$ 到其自身上的一对一映射。或许，如果你们愿意的话，也可以说成是相应的点集 $(P_1, P_2, \cdots, P_n)$ 到其自身上的一对一映射。这样一来，例如在有 $n = 5$ 个电子的情况下，如果用点 P_3, P_5, P_2, P_1, P_4 代换点 P_1, P_2, P_3, P_4, P_5 即 $1 \to 3, 2 \to 5, 3 \to 2, 4 \to 1, 5 \to 4$ 的置换，那么有关的定律必定不受影响。这些置换构成了一个阶数为 $n! = 1 \cdot 2 \cdots n$ 的群。这里的第二类对称性就由这一置换群（group of permutations）来表示。在量子力学中，我们用多维空间（实际上是无限维空间）中的一个向量来表示物理系统的状态。如果电子系统的两个状态中的任一个能通过该体系的一个虚拟旋转，或一个置换从另一个得到，那么这两个状态是通过一个与该旋转或该置换相关的线性变换联系起来的。因此，群论中意义最为深刻的，且最为系统的那一部分——凭借线性变换的群表示理论（theory of representations of a group by linear transformations）就在此起作用了[1]。关于这一艰难的问题，我只能自加限制，不再给你们细说了。不过在这里，对称性再次证明了它是研究一个内容丰富多彩、意义非常重要的领域的线索。

我们从艺术、生物学、晶体学和物理学谈起，最终要转到数学上来。数学是尤其要讨论一下的，这是因为一些本质上的概念，特别是

---

[1] 早在 1928 年外尔就出版了名著《群论和量子力学》（*Gruppenheoric und Quanrenmechanik*），1931 年英译本出版。——译者

有关群的一些基本概念，最初就是从它们在数学（特别是在代数方程论）中的应用而发展起来的。代数学家是一个与数字打交道的人，不过他所能进行的运算只有加（＋）、减（－）、乘（×）、除（÷）这四种。那些由 0 和 1 出发，通过这四种运算而得到的数是有理数。由这些数构成的数域 F 相对于这四种运算是封闭的，即两个有理数的和、差、积仍是有理数，而且它们的除数不为零的商也是有理数。这样一来，如果没有几何学和物理学方面的要求，而迫使数学家去从事细察连续性（Continuity）这一繁重的工作，并把有理数嵌入所有实数的连续统之中，代数学家就没有充分理由跨越出 F 域的。当古希腊人发现正方形的对角线与其边不可通约的时候，第一次出现了这种需要。其后不久，欧多克斯（Eudoxus，约公元前 408—前 355）[1]阐述了一些一般的原则，作为构成适合于任何测量的实数系的基础。然后在文艺复兴时期，求解代数方程的问题使人们引进了具有实分量 (a,b) 的复数 $a+bi$。当人们认识到这些复数只不过是一些普通的实数对 (a,b)，而且对于这些实数对可以定义加法和乘法使得算术中所有熟知的定律均保持成立以后，最初笼罩在复数及其虚数单位 $i=\sqrt{-1}$ 上面的那种神秘感就完全消失了。事实上，可按如下方法达到这一点：使任何实数 a 由复数 $(a,0)$ 来表示，以及 $i=(0,1)$ 的平方，$i \cdot i=i^2$ 等于 -1，或者更明确些，是等于 $(-1,0)$。这样一来，没有任何实数 x 能满足方程 $x^2+1=0$ 就可解了。在 19 世纪初期，人们已证明，引入复数后不但使得这个方程可解，而且能使所有的代数方程都可解：未知数为 x 的方程

$$f(x) = x^n + a_1 x^{n-1} + a_2 x^{n-2} + \cdots + a_{n-1}x + a_n = 0 \qquad (1)$$

不管它的次数 n 和系数 a_ν 是什么，它总有 n 个解，或者我们习惯于说它有 n 个"根"：$\theta_1, \theta_2, \cdots, \theta_n$[2]。因此多项式 $f(x)$ 本身可以分解为 n 个因子：

$$f(x) = (x-\theta_1)(x-\theta_2)\cdots(x-\theta_n)$$

式中 x 是变量，或者说是未定元（indeterminate）。这个方程被解释

---

① 欧多克斯，古希腊数学家。——译者
② 此即代数基本定理，1799 年高斯在他的博士论文中首次较为严格地加以证明。——译者

为,在等号的两边的两个多项式的各相应系数是相等的。

代数学家用他的加法和乘法运算能够在两个未定元 x,y 之间构成类似的一些关系式。这种关系式总是可以写成 $R(x,y)=0$ 的形式,式中两个变量 x,y 的函数 $R(x,y)$ 是一个多项式,即是下列类型的具有有理数系数 $a_{\mu\nu}$ 的单项式

$$a_{\mu\nu}x^{\mu}y^{\nu}① \quad (\mu,\nu=0,1,2,\cdots)$$

的一个有限和。这些关系是他易达到的"客观关系"。给定了两个复数 α,β,于是他将问,存在哪一些具有有理系数的多项式 $R(x,y)$,当用 α 替代未定元 x,用 β 替代未定元 y 时,它们将为零。从两个复数,我们就可以推广到任意个给定的复数 $\theta_1,\cdots,\theta_n$。代数学家会寻找这一数集 Σ 的自同构,就是说寻找 $\theta_1,\cdots,\theta_n$ 那些置换,它们并不破坏存在于 $\theta_1,\cdots,\theta_n$ 之间的代数关系,即 $R(\theta_1,\cdots,\theta_n)=0$。此处 $R(x_1,\cdots,x_n)$ 是 n 个未定元 $x_1,\cdots,x_n$ 的任意有理系数多项式,当用值 $\theta_1,\cdots,\theta_n$ 取代 $x_1,\cdots,x_n$ 时,它为零。这些自同构构成了一个群,这种群人们称之为伽罗瓦群(Galois group),是以法国数学家伽罗瓦(Evariste Galois,1811—1832)②的名字命名的。正如我们刚才的阐述所表明的,伽罗瓦理论只不过是对于集合 Σ 给出的相对性理论。这一集合由于它的离散和有限的特性,在概念上要比由通常的相对论所论述的空间或时空中的无限点集远为简单。当我们特别假定,集合 Σ 中的元 $\theta_1,\cdots,\theta_n$ 被定义为具有有理系数 a_ν 的 n 次代数方程(1),$f(x)=0$ 的 n 个根时,我们就完全在代数的范围内进行讨论。于是,人们可以谈到方程 $f(x)=0$ 的伽罗瓦群。要确定这个群可能是很困难的,因为如所要求的那样,这要求人们去全面地研究满足某些条件的所有多项式 $R(x_1,\cdots,$

---

① 原著为 $a_{\mu,\nu}x^{\mu}y^{\nu}$。——译者

② 1829 年他把有关解方程的两篇文章呈送法国科学院,柯西(Cauchy)建议他写出详细报告,去参加科学院举办的数学大奖赛。1830 年 1 月,另一篇仔细写成的文章送傅里叶(Fourier)审阅,但不久傅里叶逝世,因此这篇文章也就没有下落了。1831 年他的一篇新文章《关于用根式解方程的可能性条件》,被泊松(Poisson)以难以理解为理由而退回。伽罗瓦于 1832 年与人决斗而丧生。在死去的前夜,他匆忙写就了有关他研究的一份说明,并托给了他的朋友谢拉利耶(August Cheralier),这就是后文中提到的那封信。这个说明得到了保存。1846 年刘维尔(Liouville)编辑出版了伽罗瓦的部分文章。——译者

x_n）。但是，一旦这个群得到确定，人们就能从它的结构中知道许多关于求解此方程的自然步骤。伽罗瓦的论述在好几十年中一直被人们看成是一部"天书"[①]；但是，它后来对数学的整个发展产生了愈来愈深远的影响。伽罗瓦提出的一些思想包含在他临终前夕给友人的一封诀别信中。次日，年方 21 岁的伽罗瓦便在一次愚蠢的决斗中丧生了。这封信，如果从它所包含的思想之新奇和意义之深远来判断，也许是人类整个知识宝库中价值最为重大的一件珍品。下面我举出伽罗瓦理论的两个例子。

第一个例子取自古代。正方形的对角线与其边长之比为 $\sqrt{2}$，这是由具有有理数系数的二次方程

$$x^2 - 2 = 0 \qquad\qquad (2)$$

决定的，它的两个根是 $\theta_1 = \sqrt{2}$ 和 $\theta_2 = -\theta_1 = -\sqrt{2}$，即

$$x^2 - 2 = (x - \sqrt{2})(x + \sqrt{2})$$

如上所述，它们是无理数。归功于毕达哥拉斯学派的这一发现给予古代思想家的深刻印象，可由柏拉图对话中的若干篇章说明。正是这种洞见，迫使古希腊人用几何的而不是代数的语言来表达关于数量的一般原理。令 $R(x_1, x_2)$ 是 x_1, x_2 的一个具有有理系数的多项式，且当 $x_1 = \theta_1, x_2 = \theta_2$ 时其值为零。现在的问题是，$R(\theta_2, \theta_1)$ 是否也为零。如果我们对于每一个 R 能证明这个问题的答案都是肯定的，那么对换（transposition）

$$\theta_1 \to \theta_2, \quad \theta_2 \to \theta_1 \qquad\qquad (3)$$

就与恒同置换 $\theta_1 \to \theta_1, \theta_2 \to \theta_2$ 一样，也是一个自同构。其证明如下：$R(x, -x)$，一个未定元 x 的多项式，当 $x = \theta_1$ 时，其值为零。将它除以 $x^2 - 2$ 以后，我们有

$$R(x, -x) = (x^2 - 2) \cdot Q(x) + (ax + b),$$

---

① 原文为"a book with seven seals"，意为"七印封严了"的书籍，指难以理解的书。"seven seals"出自圣经《新约·启示录》第五章。——译者

这就给出一个具有有理系数 a,b 的一次余式 $ax+b$。用 θ_1 代换 x，所得的方程 $a\theta_1+b=0$ 是与 $\theta_1=\sqrt{2}$ 的无理性质相矛盾的，除非我们有 $a=0,b=0$。因此

$$R(x,-x)=(x^2-2)\cdot Q(x),$$

故有 $R(\theta_2,\theta_1)=R(\theta_2,-\theta_2)=0$。因此，此时的自同构群除恒同置换之外还包含对换(3)，这就与 $\sqrt{2}$ 的无理性(irrationality)等价了。

我的另一个例子是高斯用直尺和圆规给出的正十七边形的作图法①。此乃他还是一个 19 岁的小伙子时发现的。直到那时，他对此后是从事古典语文学(classical philology)的研究还是从事数学的研究还举棋不定。这一成功促使他做出了选择数学的最后决定。在一个平面上，我们用具有笛卡儿坐标 (x,y) 的点来表示任意的复数 $z=x+yi$。代数方程

$$z^p-1=0$$

有 p 个根，这 p 个根形成了一个正 p 边形的诸顶点。$z=1$ 是其中一个顶点。并且因为

$$(z^p-1)=(z-1)(z^{p-1}+z^{p-2}+\cdots+z+1),$$

所以，其他的顶点就是方程

$$z^{p-1}+z^{p-2}+\cdots+z+1=0 \tag{4}$$

的根。如果 p 是素数(我们现在就这样假定)，那么这 $p-1$ 个根在代数学上是难以区分的，而且它们的自同构群是一个 $p-1$ 阶的循环群。我来描述一下 $p=17$ 的情况。图 72 左边的那个有 17 个数字的拨盘给出了诸顶点的标号，右边的那个有 16 个数字的拨盘以一种神秘的方式在圆上排出了(4)式的 16 个根：拨动这个图形(即重复旋转整个圆周的 1/16)则由这 16 个根之间的置换，给出了 16 个自同构。这个群 C_{16} 显然有一个指数为 2 的子群 $C_8$②；它可由将此拨盘转过整个圆

----

① 关于正十七边形的高斯分析，以及更一般的 n 边形尺规作图问题的更详细阐述，可参阅《从一元一次方程到伽罗瓦理论》，冯承天著，华东师范大学出版社，2012。——译者

② 这指的是 $C_{16}=C_8\cup gC_8$，$g\in C_{16}-C_8$，下面多处也与此相同。——译者

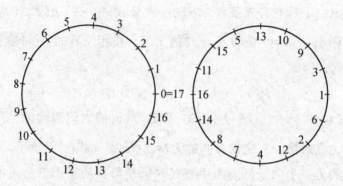

图 72

周的 $1/8, 2/8, 3/8, \cdots$ 得到。重复交错跳过间隔着的一些点的这个过程，我们就得到了一条相继的子群链（$\supset$ 意为"包含"）：

$$C_{16} \supset C_8 \supset C_4 \supset C_2 \supset C_1,$$

这条链始于完全群（full group）C_{16}，终于仅由恒同置换构成的群 C_1。这条链中的每一个群都是包含在前面一个群里的指数为 2 的子群。由于这一情况，人们就能通过四个次数为 2 的相继方程组成的一条链来决定方程（4）的根。次数为 2 的方程，即二次方程，可用开平方的方法求解（苏美尔人就已经知道这一点了）。因此，求解我们的问题，除了加、减、乘、除等有理运算外，还要求四个相继的开平方的运算。然而，这四种有理运算以及开平方的运算，正是那些能在几何上用直尺和圆规做出的代数运算。这就是可用直尺和圆规做出正三角形、正五边形和正十七边形（$p = 3, 5, 17$）的原因。因为在其中的每一种情况里，其自同构群都是一个循环群，其阶数 $p-1$ 是 2 的一个幂：

$$3 = 2^1 + 1, \quad 5 = 2^2 + 1, \quad 17 = 2^4 + 1.$$

注意到下面这一点是很有趣的：虽然十七边形的（明显的）几何对称性是由一阶数为 17 的循环群来描述的，然而它的（隐藏的）代数对称性却是由一个阶数为 16 的循环群来描述的，这种代数对称性决定了十七边形的可作图性（constructibility）。正七边形不能用尺规作图，十一边、十三边的正多边形也无法作图，这是确定无疑的。

根据高斯的分析，仅当 p 是素数，而且 $p-1$ 是 2 的一个幂，即 p

$-1=2^n$ 时,正 p 边形才能用尺规作图。然而,除非指数 n 也是 2 的一个幂,$p=2^n+1$ 不可能是素数。设 2^ν 是 n 可被其整除的最大的 2 的幂,即 $n=2^\nu \cdot m$,这里 m 是一个奇数。令 $2^{2^\nu}=a$,则有 $2^n+1=a^m+1$。但是,对于奇数 m,数 a^m+1 能被 $a+1$ 整除,

$$a^m+1=(a+1)(a^{m-1}-a^{m-2}+\cdots-a+1),$$

因此除了 $m=1$ 的情况之外,这是一个具有因子 $a+1$ 的合数。所以,在 3,5 和 17 以后形如 2^n+1 的,并有机会成为素数的下一个数乃是 $2^8+1=257$。由于这确实是一个素数,所以正 257 边形也是可用尺规作图的。[1]

伽罗瓦理论可以用一种稍微不同的形式表达,我将用方程(2)来说明。让我们来考虑具有有理分量 a,b 的形如 $\alpha=a+b\sqrt{2}$ 的所有的数。我们把它们称为域 $\langle\sqrt{2}\rangle$[2] 中的数。由于 $\sqrt{2}$ 的无理性,仅当 $a=0$,$b=0$ 时,此数才为零。因此有理分量 a,b 就由 α 唯一确定,这是因为从 $a+b\sqrt{2}=a_1+b_1\sqrt{2}$,得出

$$(a-a_1)+(b-b_1)\sqrt{2}=0;$$
$$a-a_1=0, \quad b-b_1=0,$$

或 $a=a_1,b=b_1$,只要 a,b 和 a_1,b_1 是有理数。显然,这一域中两数的相加、相减和相乘仍给出此域中的数。除法运算也不会使我们越出此域的范围。这是因为:令 $\alpha=a+b\sqrt{2}$ 是此域中具有有理分量 a,b 的一个不为零的数,并令 $\alpha'=a-b\sqrt{2}$ 为其"共轭"。因为 2 并不是一个有理数的平方,所以所谓 α 的模方(norm),即有理数 $\alpha\alpha'=a^2-2b^2$ 不为零,因而我们就得到 α 的倒数

$$\frac{1}{\alpha}=\frac{\alpha'}{\alpha\alpha'}=\frac{a-b\sqrt{2}}{a^2-2b^2}$$

---

[1] 继高斯之后。数学家里什洛(Richlot)给出了正 257 边形的尺规作图法。其后数学家赫尔梅斯(Hermes)给出了正($2^{16}+1=$)65537 边形的作图法,其手稿足足有一手提箱之多。——译者

[2] 如果把有理数域记为 Q,我们则可把域 $\langle\sqrt{2}\rangle$ 表示为 $\langle\sqrt{2}\rangle=\{a+b\sqrt{2}|a,b\in Q\}$。——译者

也是此域中的数的结论。因此域$\{\sqrt{2}\}$关于加、减、乘和除（排除除数为零的情况是不言自明的）运算是封闭的。我们现在能来寻求这样一个域的自同构。一个自同构应是该域中数的一个一对一映射 $\alpha \rightarrow \alpha^*$，而使得对于此域中的任意数 α, β，这一映射将使 $\alpha + \beta$ 和 $\alpha \cdot \beta$ 分别映为 $\alpha^* + \beta^*$ 和 $\alpha^* \cdot \beta^*$。由此立即得到，一个自同构把每一个有理数变为自身，把 $\sqrt{2}$ 变为满足方程 $\theta^2 - 2 = 0$ 的数 θ，即变为 $\sqrt{2}$ 或者 $-\sqrt{2}$。因此，此时只有两种可能的自同构，一种将域 $\{\sqrt{2}\}$ 中的每一个数 α 变为它自身，另一种将任意数 $\alpha = a + b\sqrt{2}$ 变为它的共轭 $\alpha' = a - b\sqrt{2}$。很明显，第二种操作是一个自同构，这样我们就决定了域 $\{\sqrt{2}\}$ 中由所有自同构构成的群。

域（field）也许是我们所能发明的最简单的代数结构。它的元素是一些数。它的结构的典型特征是具有加法运算和乘法运算。这些运算满足某些公理，其中有些是用来保证加法有唯一的逆运算，即所谓减法，以及乘法有唯一的逆运算（只要乘数不为零），即所谓除法。空间是被赋予结构的实体（entity）的另一个例子。此时的元素是点，其结构是借助于诸点之间的某些基本关系（诸如，A, B, C 在一条直线上，AB 与 CD 叠合，如此等）而建立起来的。在我们的整个讨论中，我们所得到的教益以及已确实成为现代数学中的指导原则的是，无论何时人们要同一个被赋予结构的实体 Σ 打交道，就要设法去决定它的自同构群，也就是能保持所有结构关系无扰动的那些元素之间的变换构成的群。使用这种方法，你们就可望深入地洞悉 Σ 的结构。在此之后，你们就可以开始研究元素的对称构形，即那些在由所有自同构构成的群中的某一个子群下不变的构形。在寻找这种构形之前，先研究一下这些子群本身（例如，由保持一个元素固定，或保持两个不同元素固定的那些自同构组成的子群），以及研究一下存在着的那些不连续子群或有限子群等，也许是可取的。

在变换群的研究中，人们还是只是去着重研究这样一个群的纯粹的结构为好。这可通过如下方式进行：对它的元素给以任意的标记，然后利用群中的任意两个元素 s,t 的这些标记，来表示它们的复合结果 $u=st$。如果群是有限的，那么我们可以列出元素复合的表。这样得到的群的体系（group scheme），或称为抽象群，其本身就是一个结构实体，它的结构由它的元素的复合律（$st=u$）或复合表所表示。在这里，狗一口咬住了它自己的尾巴，在兜圈子了。这也许已足够清楚地提醒我们，该停止讨论了。事实上。对于一个给定的抽象群，人们可以问：它的自同构所构成的群是什么？哪些是该群到其自身中的一对一映射 $s \rightarrow s'$，并使得当任意元素 s,t 分别变为 s',t' 时，st 变为 $s't'$？

对称是一个十分广泛的课题，它在艺术和自然界中均有重大意义。数学是它的根子，而且，很难再找一个更好的课题来表现数学智慧的运作。我希望我在向你们指出对称的众多的枝杈，而且在引导你们登上那从直觉概念通向抽象思想的梯子中，我没有完全失败。

旋转和反射形成一个巨大的二十面体对称群

致　谢

· Acknowledgements ·

与东方艺术形成对照的西方艺术,如同生活本身一样,倾向于降低、放宽、修改,甚至破坏严格的对称。但是,不对称只在罕见的情况下才等于没有对称。

——外尔

　　我特别感谢普林斯顿大学马昆德图书馆（Marquand Library）的哈里斯（Helen Harris）女士，她协助我找到了本书中所描绘的许多艺术品的合适照片。我还要感谢诸多出版商，他们惠允我复制其出版物中的插图。这些出版物列在下面。

　　图 10,11,26.　Alinari photographs.

　　图 15.　Anderson photograph.

　　图 67,68.　Dye，Daniel Sheets，*A grammar of Chinese lattice*，Figs. C9b，S12a. Harvard-Yenching Institute Monograph V. Cambridge，1937.

　　图 69,70,71.　Ewald，P. P.，*Kristalle und Röntgenstrahlen*，Figs. 44,45,125. Springer，Berlin，1923.

　　图 36,37.　Haeckel，Ernst，*Kunst formen der Natur*，Pls. 10，28. Leipzig und Wien，1899.

　　图 45.　Haeckel，Ernst，Challenger monograph。*Report on the scientific results of the voyage of H. M. S. Challenger*，Vol. ⅩⅧ，P1. 117. H. M. S. O.，1887.

　　图 54.　Hudnut Sales Co.，Inc.，advertisement in *Vogue*，February 1951.

　　图 23,24,31.　Jones，Owen，*The grammar of ornament*，Pls. ⅩⅥ，ⅩⅦ，Ⅵ. Bernard Quaritch，London，1868.

　　图 46.　Kepler，Johannes，*Mysterium Cosmographicum*. Tübingen，1596.

　　图 48.　Photograph by I. Kitrosser，Réalités. ler no.，Paris，1950.

　　图 32.　Kühnel，Ernst，*Maurische Kunst*，PI. 104. Bruno Cassirer Verlag，Berlin，1924.

◀ 苏黎世夜景

图 16，18.　　Ludwig，W.，*Rechts-links-Problem im Tierreich und beim Menschené*，Figs. 81，120a. Springer，Berlin，1932.

图 17.　　Needham，Joseph，*Order and life*，Fig. 5. Yale University Press，New Haven，1936.

图 35.　　New York Botanical Garden，photograph of Iris rosiflora.

图 29.　　Pfuhl，Ernst，*Malerei und Zeichnung der Griechen*；Ⅲ. Band，Verzeichnisse und Abbildungen，Pl. I（Fig. 10）. F. Bruckmann，Munich，1923.

图 62，65.　　Speiser，A.，*Theorie der Gruppen von endlicher Ordnung*，3. Aufl.，Figs. 40，39. Springer，Berlin，1924.

图 3，4，6，7，9，25，30.　　Swindler，Mary H.，*Ancient painting*，Figs. 91，(p. 45)，127，192，408，125，253. Yale University Press，New Haven，1929.

图 42，43，44，50，51，52，55，56.　　Thompson，D'Arcy W.，*On growth and form*，Figs. 368，418，448，156，189，181，322，213。New edition，Cambridge University Press，Cambridge and New York，1948.

图 53.　　Reprinted from *Vogue Pattern Book*，Condé Nast Publications，1951.

图 27，28，39.　　Troll，Wilhelm，"Symmetriebetrachtung in der Biologie，"*Studium Generale*，2. Jahrgang，Heft 4/5，Figs. (19 & 20)，1，15. Berlin-Göttingen-Heidelberg，Juli，1949.

图 38.　　U. S. Weather Bureau photograph by W. A. Bentley.

图 22，58，59，60，61，64.　　Weyl，Hermann，"Symmetry，"*Journal of the Washington Academy of Sciences*，Vol. 28，No. 6，June 15，1938. Figs. 2，5，6，7，8，9.

图 8，12.　　Wulff，O.，*Altchristliche und byzantinische Kunst*；Ⅱ，Die byzantinische Kunst，Figs. 523，514. Akademische Verlagsgesellschaft Athenaion，Berlin，1914.

注　释

· Notes ·

　　对于有科学头脑的人来说，左和右之间并不存在，举例来说，像动物的雌和雄之间或前和后之间的那种内在的差异和截然的相反性。需要有一个人为的选择才能确定什么是左、什么是右。

——外尔

双侧对称性

〔1〕见丢勒《人体比例研究》四卷（*Vier Bücher von menschlicher Proportion*，1528）。更确切地说，丢勒本人没有用过"对称性"一词，而是他的朋友卡梅拉留斯（Joachim Camerarius）在1523年出版的，经丢勒"认可"的此书的拉丁文译本《论分成若干部分的对称性（*De symmetria partium*）》的书名中采用了此词。据信，波利克莱托斯（*περὶ βλοποιικῶν*，Ⅳ，2）说过这样一句话："使用大量的数差不多就能造成雕塑术中的正确性。"也请参阅森克（Herbert Senk）在 *Chronique d'Egypte* 26（1951），pp. 63—66 中的一篇文章，Au sujet de l'expression *σνμμετρία* dans Diodore Ⅰ，98，5—9。维特鲁维（Vitruvius）①解释道："对称性起因于匀称……匀称是各组成部分与整体之间的相称。"沿着同一方向的更精心的近代研究，可参阅伯克霍夫（George David Birkhoff）的 *Aesthetic measure*（Cambridge Mass.，Harvard University Press 1933），以及同一作者的讲演"A mathematical theory of aesthetics and its applications to poetry and music,"*Rice Institute Pamphlet*，Vol. 19（July，1932），pp. 189—342。

〔2〕威克姆（Anna Wickham），"Envoi"，引自 *The contemplatire quarry*，Harcourt，Brace and Co.，1921。

〔3〕Studium Generale p. 276。

〔4〕参见 G. W. Leibniz，*Philosophische Schriften*，ed. Gerhardt（Berlin 1875 seq.），Ⅶ，pp. 352—440，特别是莱布尼茨的第三封信（§ 5）。

〔5〕除了他的《纯粹理性批判》外，特别请参见 *Prolegomena zu*

◀ 普林斯顿大学冬景

---

① 公元前1世纪古罗马建筑师。——译者

einer jeden künftigen Metaphysik······中的 13。

〔6〕我不是不知道下列奇怪的事情：在罗马占卜官的专门用语中"*sinistrum*"意味着"吉祥的"，意思正好相反。

〔7〕亦请参见 A. Faistauer，"Links und rechts im Bilde，"Amicis，*Jahrbuch der österreichischen Galerie*，1926，p. 77；Julius v. Schlosser，"Intorno alla lettura dei quadri，"*Critica* 28，1930，p. 72；Paul Oppé，"Right and left in Raphael's cartoons，"*Journal of the Warburg and Courtauld Institutes* 7，1944，p. 82.

〔8〕W. Ludwig，*Rechts-links-Problem im Tierreich und beim Menschen*，Berlin 1932.

〔9〕现在知道了一个很明确的实例：硝基肉桂酸与溴反应时，圆偏振光能生成一种有旋光性的物质。

〔10〕赫胥黎(Julian S. Huxley)和德比尔(G. R. de Beer)在他们的经典著作《胚胎学基础》(*Elements of Embryology*，Cambridge University Press，1934)中作了如下表述(第十四章，小结，438 页)："在最初各阶段中，卵细胞获得一种梯度场型(gradient-field type)的单一组织，在其中一种或多种数量上的差别沿着一个或多个方向延展到整个卵细胞的物质中去。卵细胞的结构预先确定了它能够产生一种特别类型的梯度场。然而，产生这些梯度的地点却并未预先确定，它是由卵细胞之外的动因确定的。"

平移对称性、旋转对称性和有关的对称性

〔1〕尽管线段只有长度，向量却具有长度和方向。虽然人们采用不同的说法来表示向量和平移，但它们实质上是一回事。代替平移 a 把 A 移至点 A' 的说法，我们可以说向量 $a = \overrightarrow{AA'}$。平移 a 把 A 移至点 A' 的另一种说法是，从 A 标出的向量 a 是以 A' 为其终点的。如果 A 移至 A' 的平移也将 B 移至 B'，那么从 B 标出的同一向量是以 B' 为其终点。

〔2〕此图和下一幅图，均取自 *Studium Generale*，p. 249 和 p. 241

（W. Troll 的论文："生物学中的对称性研究"）。

〔3〕读者可参阅 G. D. Birkhoff 在他的两本书（见第一讲注释 1）中关于诗和音乐的数学论述。

〔4〕原文是德文，下面我引的是 Helen Lowe-Porter 的英译本（*Magic Mountain*，Knopf，New York，1927 和 1939）。

〔5〕丢勒把他的人体标准与其说看成是一种要努力达到的标准，倒不如说是一种在其基础上要偏离开去的标准。维特鲁维所用的"*temperaturae*"[①]一词看来具有同样的意义，还有出现在第一讲注释 1 中的据信是波利克莱托斯曾说过的一句话中所用的小词"almost"（差不多）也许有同样的含义。

〔6〕这种现象在由汉比奇撰写的《动力对称性》一书中也占有一席地位。在该书第 146—157 页中，他详细地注释了数学家阿希巴尔得（R. C. Archibald）关于对数螺线、黄金分割和斐波那契级数的论述。

装饰对称性

〔1〕只要我们要求球心能组成一个点阵，我们就能唯一确定这一排列。有关点阵的定义，请参看 96 页。关于这一问题的更完整讨论，请参看：D. Hilbert and S. Cohn-Vossen，*Anschauliche Geometrie*，Berlin，1932，pp. 40—41[②]；H. Minkowski，*Diophantische Approximationen*. Leipzig，1907，pp. 105—111。

〔2〕请参看波利亚的论文"Uber die Analogie der Kristallsyrnmetrie in der Ebene,"*Zeitschr. f. Kristallographie* 60，pp. 278—282。

〔3〕这是马施克（H. Maschke）所证明过的一个基本定理。其证明相当简单：取任意正定二次型，例如 $x_1^2 + x_2^2$，对它实行我们群中的每一个变换 S，并将这样得到的形式再加起来，其结果便是一个不变的正定型。

———————————

① 拉丁语，作"不过分"解。——译者
② 中译本：D. 希尔伯特、S. 康福森著《直观几何》，高等教育出版社，1984。——译者

晶体·对称性的一般数学概念

〔1〕譬如请参阅 P. Niggli，*Geometrische Kristallographie des Diskontinuums*，Berlin，1920。

〔2〕可以参看我最近在"德意志自然研究者协会"（Gesellschaft deutscher Naturforscher）在慕尼黑举行的会议上所做的讲演《相对论 50 年》（50 Jahre Relativitätstheorie），刊于 *Die Naturwissenschaften* 38（1951），pp. 73—83。

附录 I

· *Appendix* I ·

> 我的目的有两个：一方面，展示出对称性原则在艺术以及无机界和有机界中的大量应用；另一方面，我将逐步阐明对称性观念的哲理性的数学意义。
>
> ——外尔

A 确定三维空间中由真旋转构成
的所有有限群[①]

18 世纪,欧拉(Leonhard Euler)首先证明了下列事实:每一个不是恒同旋转 I 的三维空间真旋转都是绕某一轴的一个旋转,即它不仅使原点 O 不变,也使得通过 O 的某一直线,即旋转轴 l 上的各点都不变。根据这一点,我们能简单证明第二讲里的表(5)的完备性。由于每一个旋转都使以 O 为中心,单位长为半径的二维球面 Σ 变换为 Σ 自身,因此每个旋转也就是 Σ 到其自身上的一个一对一映射,所以我们就不必考虑三维空间,而只需考虑 Σ 就足够了。每一个不等于 I 的真旋转都在 Σ 上确定了互为对径点的两点,即其轴 l 穿破该球面的那两点。

给定一个由真旋转构成的 N 阶有限群 Γ,我们来考察 Γ 中不同于 I 的 $N-1$ 个操作给出的一些固定点。我们把这些点称为极点。每一个极点 p 都有一个明确的重数 ν(等于 2 或 3 或 4 或…):该群中使 p 不变的一些操作 S 是由绕相应的轴转过 $360°/\nu$ 的旋转迭代进行而得到的,因此恰好有 ν 个这样的操作 S。它们组成一个 ν 阶循环子群 Γ_p。恒同旋转是这些操作中的一个,因此使 p 不变而且不等于 I 的操作的个数就等于 $\nu-1$。

对于上述球面上的任意点 p,我们可以考察借该群中的操作由 p

◀ 巴赫亲笔签名的 g 小调第一小提琴奏鸣曲

----

① 参见第 64 页。

而得到的那些点 q 构成的有限集合 C。我们称这些点是等价于 p 的。因为 Γ 是群，所以这种等价性具有相等关系所具有的那些性质。亦即，点 p 与它自身等价；若 q 等价于 p，则 p 等价于 q；以及若 q_1 和 q_2 都等价于 p，则 q_1 和 q_2 就彼此等价。我们把我们的这一集合 C 称为由等价点组成的一个类（class）①。该类中的任意点都可以作为它的代表 p，因为该类除了 p 以外还包含与 p 等价的所有点，而不含其他点。球面上的点在由全体真旋转构成的群下是不可区分的，我们甚至看到当把这一个群缩小到其有限子群 Γ 上时，一个类中的各点仍是不可区分的。

在由等价于 p 的点组成的类 C_p 中，有多少个点？使人自然想到的一个答案是：有 N 个点。但是，只有当群中使 p 不变的操作仅是 I 时，这个答案才是正确的。因为此时 Γ 的任意两个不同的操作 S_1, S_2 把 p 变换成两个不同的点 $q_1 = pS_1, q_2 = pS_2$；这是因为它们的重合 $q_1 = q_2$ 将意味着操作 $S_1 S_2^{-1}$ 把 p 变换成其自身，而这就导致 $S_1 S_2^{-1} = I, S_1 = S_2$。现在假定 p 是一个重数为 ν 的极点，因此群中有 ν 个操作把 p 变换成其自身。于是我断言，类 C_p 所包含的点 q 的个数为 N/ν。

证明：因为甚至在给定群 Γ 下，该类中的点仍是不可区分的，所以每一点必有相同的重数 ν。让我们先明晰地证明这一点。若 Γ 中的操作 L 将 p 变换成 q，则只要 S 把 p 变换为 p，$L^{-1} SL$ 就把 q 变换成 q。反之亦然，即若 T 是 Γ 中把 q 变换成其自身的任意一个操作，则 $S = LTL^{-1}$ 把 p 变换成 p，故 T 就具有 $L^{-1} SL$ 的形式，这里 S 是群 Γ_p 中的元素。因此，若 $S_1 = I, S_2, \cdots, S_\nu$ 是使 p 不变的那 ν 个元素，则

$$T_1 = L^{-1} S_1 L, \quad T_2 = L^{-1} S_2 L, \cdots,$$

$$T_\nu = L^{-1} S_\nu L$$

就是使 q 不变的那 ν 个不同的操作。而且，$S_1 L, \cdots, S_\nu L$ 这 ν 个不同的操作把 p 变换成 q。反之亦然，即若 U 是 Γ 中把 p 变换成 q 的一个操

---

① 这里引入的关系即等价关系，而引入的类就是等价类。——译者

作,则 UL^{-1} 把 p 变换成 p,故是使 p 不变的一些操作 S 中的一个;所以 $U=SL$,这里 S 是 $S_1,S_2,\cdots,S_\nu$ 这 ν 个操作中的一个。现在,设 $q_1,\cdots,q_n$ 是类 $C=C_p$ 中的 n 个不同的点,且设 L_i 是 Γ 中把 p 变换成 q_i($i=1,\cdots,n$)的操作之一,则下列表中的全部 $n\cdot\nu$ 个操作:

$$S_1 L_1,\cdots,S_\nu L_1,$$
$$S_1 L_2,\cdots,S_\nu L_2,$$
$$\cdots\cdots\cdots\cdots\cdots$$
$$S_1 L_n,\cdots,S_\nu L_n$$

彼此都是不同的。事实上,上表中每一行都由不同的操作构成。而且,譬如说,第二行中的所有操作与第五行中的所有操作必定不相同,因为前者把 p 变换成 q_2,而后者把 p 变成点 $q_5\neq q_2$。再者,群 Γ 中的每一个操作都包含在上述表中,因为 Γ 中的任意一个操作都把 p 变成点 $q_1,\cdots,q_n$ 中的一个(譬如说 q_i),所以这一操作就必定出现在我们表中的第 i 行里。

这就证明了关系式 $N=n\nu$[①],于是也证明了下列事实:重数 ν 是 N 的一个因子。对于极点 p,我们用符号 $\nu=\nu_p$ 表示它的重数;我们知道,对于一个给定类 C 中的每一个极点 p,它是相同的,所以也可以毫不含糊地用 ν_C 来表示。类 C 中极点的个数 n_C 和极点的重数 ν_C 满足关系式 $n_C\nu_C=N$。

有了这些准备,我们现在考察所有的数对 (S,p),其中 S 为群 Γ 中不等于 I 的操作,p 为一个在 S 下不变的点——或者也可以这样说,p 为任意极点,S 为群中使 p 不变的任意不等于 I 的操作。这种双重描述表明了这些数对的双重计数方法。一方面,在群中有 $N-1$ 个不等于 I 的操作 S,而每一个操作有两个对径的固定点;因此,上述数对的个数为 $2(N-1)$。另一方面,对于每一个极点 p,在群中有 ν_p-1 个不等于 I 的操作使得 p 不变,因此这种数对的个数就等于下列总和:

---

① 实际上,这就是群论中的拉格朗日定理对此时的这一特例给出的结果。——译者

$$\sum_p (\nu_p - 1),$$

其中求和是遍及所有的极点 p。我们把极点聚集成由等价极点构成的一些类 C，于是就能得到下列基本方程：

$$2(N-1) = \sum_C n_C(\nu_C - 1),$$

这里右边的求和是遍及极点的所有类 C。若考虑到等式 $n_C\nu_C = N$，且用 N 除上述方程两边，则有下列关系式：

$$2 - \frac{2}{N} = \sum_C \left(1 - \frac{1}{\nu_C}\right)。$$

下面我们就来讨论一下这个方程。

群 Γ 仅由恒同旋转组成的情况[①]是最为浅显的。此时 $N=1$，且没有极点。

撇开这一浅显的情况不谈，我们可以说 N 至少为 2，因此该方程的左边至少为 1，但比 2 要小。前者说明右边的求和式不可能只含一项。因此至少有两个类 C。但是，当然也不超过三个类。这是因为由于每一个 ν_C 至少是 2，如果右边的求和式中包含四项或四项以上，那么这个和就至少是 2 了。所以，我们要么有两个，要么有三个等价极点类（我们把这两种情况分别称为情况 Ⅱ 和情况 Ⅲ）。

情况 Ⅱ   此时我们的方程给出

$$\frac{2}{N} = \frac{1}{\nu_1} + \frac{1}{\nu_2}, \quad 或 \quad 2 = \frac{N}{\nu_1} + \frac{N}{\nu_2}。$$

但是，两个正整数 $n_1 = N/\nu_1, n_2 = N/\nu_2$，仅当它们都等于 1 时，它们之和才会等于 2，所以

$$\nu_1 = \nu_2 = N; \quad n_1 = n_2 = 1。$$

因此等价极点的这两个类都由重数为 N 的一个极点构成。这里我们所找到的，是由绕一根（直立的）N 阶轴的旋转构成的循环群。

情况 Ⅲ   此时我们有

---

① 即情况 Ⅰ ——本书编辑注

$$\frac{1}{\nu_1} + \frac{1}{\nu_2} + \frac{1}{\nu_3} = 1 + \frac{2}{N}$$

把重数 ν 以递升次序排列：$\nu_1 \leqslant \nu_2 \leqslant \nu_3$。$\nu_1, \nu_2, \nu_3$ 这三个数不能都大于 2；因为不然的话，左边会给出 $\leqslant 1/3 + 1/3 + 1/3 = 1$ 的结果，这就与右边的值矛盾了，因此 $\nu_1 = 2$。此时有

$$\frac{1}{\nu_2} + \frac{1}{\nu_3} = \frac{1}{2} + \frac{2}{N}$$

ν_2, ν_3 这两个数不会都 $\geqslant 4$；因为否则的话，左边的和将会 $\leqslant 1/2$，所以 $\nu_2 = 2$ 或 3。

（1）第一种选择——情况 III_1：$\nu_1 = \nu_2 = 2$。此时有

$$N = 2\nu_3$$

在情况 III_1 中，令 $\nu_3 = n$。此时我们有由重数为 2 的极点构成的两个类，其中每一个类都有 n 个极点。同时还有一个类，它含有重数为 n 的两个极点。容易看出二面体群 D'_n 满足这些条件，而且也只有这个群才满足这些条件。

（2）第二种选择——情况 III_2：$\nu_1 = \nu_2 = 3$。此时有

$$\frac{1}{\nu_3} = \frac{1}{6} + \frac{2}{N}$$

对于第二种选择，即情况 III_2，鉴于 $\nu_3 \geqslant \nu_2 = 3$，我们就有下列三种可能性：

$$\nu_3 = 3, N = 12; \quad \nu_3 = 4, N = 24;$$
$$\nu_3 = 5, N = 60$$

我们分别用 T, W, P 来标记它们。

T：此时有两个类，每一个类都有四个三重极点。其中一类中的所有极点显然必定构成一个正四面体，而另一类中的极点则是它们的对径点。因而我们得到了四面体群。六个等价的双重极点是从 O 射向这六条棱的中点到球面上的射影。

W：六个四重极点组成了一类，它们构成了一个正八面体的顶点。因此有八面体群。八个三重极点（对应于正八面体各面的中

心)构成一类。12 个双重极点(对应于各棱的中点)构成一类。

P:12 个五重极点构成一类,它们必定构成两个正二十面体的顶点。20 个三重极点对应于 20 个面的中心;30 个双重极点对应于此多面体的 30 条棱的中点。

B 计入非真旋转[①]

如果三维空间中的有限旋转群 Γ^* 包含非真旋转，那么设 A 是这非真旋转之一，而 $S_1,\cdots,S_n$ 是 Γ^* 中的真操作。后者组成子群 Γ，而 Γ^* 包含下列两行元素，一行由真操作构成，另一行由非真操作构成：

$$S_1,\cdots,S_n, \tag{1}$$

$$AS_1,\cdots,AS_n; \tag{2}$$

它不包含其他任何操作。因为如果 T 是 Γ^* 中的一个非真操作，那么 $A^{-1}T$ 是真操作，故必与第一行操作中的某一元素，比如说是 S_i 一致，因此就有 $T=AS_i$。所以 Γ^* 的阶数是 $2n$，它的一半操作是构成群 Γ 的真操作，而另一半是非真操作。

现在我们根据非真操作 Z 是否被包含在 Γ^* 中，而分成下列两种情况来讨论。

在第一种情况中，我们把 A 取为 Z^*，故得到 $\Gamma^* =\overline{\Gamma}$。

在第二种情况中，我们也能把第二行写成下列形式：

$$ZT_1,\cdots,ZT_n, \tag{2'}$$

式中 T_i 是真旋转。但是，此情况中所有的 T_i 与所有的 S_i 都不同。事实上，若 $T_i=S_k$，则群 Γ^* 除了包含 $ZT_i=ZS_k$ 和 S_k 之外，也将包含元素 $(ZS_k)S_k^{-1}=Z$，这就与我们的假设矛盾了。在这些情况下，操作

$$\left.\begin{array}{l} S_1,\cdots,S_n \\ T_1,\cdots,T_n \end{array}\right\} \tag{3}$$

组成一个 $2n$ 阶的真旋转群 Γ'，而 Γ 是它的一个指数为 2 的子群。事

---

① 参见第 63 页。

实上,正如我们容易证明的,(3)中的两行元素构成一个群的陈述,等价于(1)行和(2′)行中的元素构成一个群(即群 Γ^*)的另一陈述。这样,Γ^* 就是正文中用 $\Gamma'\Gamma$ 所标记的那个群,从而我们就证明了那里提到过的那两种方法是能用来构造包含非真旋转的有限群的仅有方法。

附录 Ⅱ[①]

· *Appendix* Ⅱ ·

> 在艺术中，人体外表所具有的那种双侧对称性已经起着一种附加的激励我们情感的作用。
>
> ——外尔

[①] 为便于读者理解，中文版收录外尔《拓扑和抽象代数：理解数学的两种途径》《心蕴诗魂的数学家与父亲》这两篇文章作为本书的附录 Ⅱ。

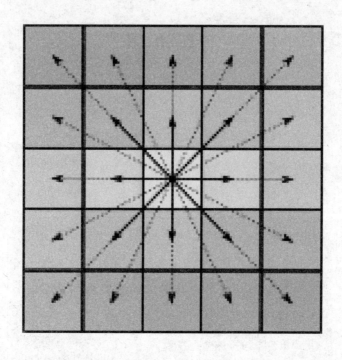

A 拓扑和抽象代数：
理解数学的两种途径*

当我们通过一系列复杂的形式化的结论和计算，被动地接受数学真理时，并不感到十分惬意；这犹如盲人费力地、一步步地靠触觉摸索和感知自己所走的路。因此，我们首先想从总体上看看我们的目标和道路；我们想要理解证明的思想，即更深层的内涵。现代的数学证明跟现代的试验装置十分相像：朴素的基本原则被大量的技术细节所掩盖，以至几乎无从察觉。克莱因在关于 19 世纪数学史的讲演中谈到黎曼时说：

> 无疑，每一种数学理论的拱顶石是有关它的所有的论断的令人信服的证明。无疑，数学中的罪过是超前了可信的证明。但是，数学长盛不衰的秘密在于有新的问题，在于预料到新的定理，使我们得到种种有价值的结论和联系。没有创新的观点，没有新的目标，数学可能很快在其逻辑证明的严格性下枯竭；一旦实质性的东西消失，数学便开始停滞。在某种意义上，数学一直是由那样一些人推动前进的，他们与众不同的特点是善于直觉而不是

◀一个 5×5 的中心对称矩阵

---

* 原题：Topology and Abstract Algebra as Two Roads of Mathematical Comprehension. 译自：*Amer. Math. Monthly*，Vol 102, No,5,1995,pp. 453—460. 此文是赫尔曼·外尔 1931 年在瑞士大学预科教师协会举办的夏季学习班上的讲演。

严格证明。

克莱因本人的方法的要点就是直觉地洞察散布于各种原理中的内在的联络与关系。在某种程度上，他不善于高度集中的具体的逻辑推演。闵可夫斯基在纪念狄利克雷的演说中，比较了被德国人冠以狄利克雷名字的极小原理［实际上，汤姆森（W. Thomson）对该原理用得最多］和真正的狄利克雷原理：用最少的盲目计算和最多的深刻思想来征服难题。闵可夫斯基说，正是狄利克雷在数学历史上开创了新的时期。

要达到对数学事物的这种理解，有何秘诀，办法何在？近来，科学哲学的研究一直在试图比较什么是科学的解释（scientific explanation）和什么是理解（understanding），后者指一门作为文、史、哲学基础的阐释的艺术。这种哲学引入了直觉（intuition）和理解这两个词，它们带有某种神秘色彩，又具有深刻内涵和直接性（immediacy）。在数学中，我们当然喜欢更清醒和理智地看待各种事物。我无力在此讨论这些问题，精确地分析有关的智力活动对于我来说是太困难了。但是，至少我能从描述理解过程的许多特征中选出有明显的重要性的一种。人们往往用一种自然的方式将数学研究中的问题分解成各个不同的方面，使得每一个方面都能通过它本身的相对狭窄和易于审视的一组假设来探讨，然后，再对各种具有适当的特殊性的局部结果进行综合，从而返回到整个复杂的问题。最后的这步综合完全是机械的；第一步的分析，即进行适当的区分及一般化，才是伟大的艺术。最近几十年的数学十分钟情于一般化和形式化。不过，如果以为数学就是为了一般化而追求一般化，那是不符合真理的误解；数学中那种很自然的一般化，是通过减少假设的数目而进行简化，从而使我们能理解紊乱的整体中的某些方面。当然，朝不同方向的一般化有可能使我们理解一个特殊的具体问题的不同方面。于是，谈论一个问题的真实的基础、真正的源头时，就带有主观和武断的任意性。判断一种区分和相关的一般化是否是自然的唯一标准，也许就是看其成果是否丰硕。

当一位熟练的和"有敏锐感知力"的研究者,针对某个研究主题,按照他的经验进行所有类比,将区分和一般化的过程系统化,我们便到达了某个公理体系;今天,公理化已不是一种澄清和深化基础的方法,而是从事具体数学研究的工具。

可以估计,近年来数学家埋头于一般化、形式化已达到这种程度,我们可以找到许多为一般化而一般化的既廉价又容易的工作。波利亚称这种工作为稀释,它并不增加实质性的数学财富,而非常像往汤里加水来延长饭局。这是退化而非进步。老年时的克莱因说:"在我看来,数学像座在和平时期出售武器的商店。橱窗里摆满了精巧的、富于艺术性又极具杀伤力的奢侈品,使那些内行的鉴赏家兴奋不已。这些东西的起源和用途——射击,打败敌人——已隐匿到幕后,差一点被人遗忘了。"他的这份诉状也许不乏真理,但从整体上看,我们这一代人认为他对我们的工作的这种评价并不公正。

在我们这个时代,有两种理解的模式业已被证明是特别深刻和富有成果的。它们是拓扑和抽象代数。很大一部分数学带有这两种思维模式的印记。究其原因,不妨先来考查实数这一处于中心地位的概念。实数系就像罗马神话中的门神的头,它有朝向相反方向的两副面孔。一面是具有运算+和×及逆的域,另一面是个连续的流形,它的这两副面孔又是连在一起的,并无间断。一侧是数的代数面孔,另一侧则是数的拓扑面孔。由于现代公理体系头脑简单,(跟现代政治不同)不喜欢这种战争与和平的模棱两可的混合物,于是在两者之间制造了明显的裂痕。由关系>和<所表示的数的大小的概念,则成为居于代数和拓扑之间的一类关系。

对于连续统一体的研究,如果只限于探讨在任意连续形变或连续映射下保持不变的性质和差异,则属于纯拓扑的范围。此处的映射只需要能保证那些独特的性质不会丧失。于是,像球面那样的封闭性或像普通平面那样的开放性就成为曲面的拓扑性质。平面上的一个区域如果像圆的内部那样可被任何一次横切分割成几部分,则我们称它是单连通的。另一方面,一个环形带域就是双连通的,因为存在一种横切不能把它分割成部分,但是继而再任意作一次横切必将其分成部分。球面上任意一条闭曲线皆可经过连续变形收缩为一个点;而环形曲面上的闭曲线的情形就不然。空间中的两条闭曲线可以互相盘绕,也可以互不盘绕。这些都是属于具有拓扑性质或拓扑气息的例子。它们涉及跟几何图形的所有更精细的性质有基本差异的性质,是奠基于连续性这种单一的观念之上的。像度量性质这一连续流形的特殊性质与此风马牛不相及。其他有关拓扑性质的概念有:极限,点的序列收敛到一个点,邻域以及连续线等。

在极粗略地勾画了拓扑之后,我想简要地告诉大家抽象代数发展的动机。然后,我要用一个简单的例子说明,如何从拓扑的观点和抽象代数的观点来看待同一个研究课题。

纯代数学家对于数学所能做的一切在于用数作加、减、乘和除四种运算。如果一个数系是个域,即它在这些运算下封闭,那么代数学家就不能越出其领地了。最简单的域是有理数域。另一个例子是由形如 $a+b\sqrt{2}$ 这样的数所构成的域,其中 a 和 b 是有理数。众所周知的多项式不可约性的概念是与多项式的系数所属的域有关并且依赖于后者的。一个系数在域 K 中的多项式 $f(x)$ 被称为在域 K 上不可约,如果它不能写成两个系数皆在 K 上的非常数的多项式的乘积 $f_1(x) \cdot f_2(x)$。求解线性方程组和借助欧几里得算法定出两个多项式的最大公因子等,可分别在方程组的系数或多项式的系数所属的域中实施。代数的经典问题是求代数方程 $f(z)=0$ 的解,其中 f 的系数属于域 K,比如说它是有理数域。若已知 θ 是该方程的根,则用 θ 和 K 中的数作四种代数运算后得到的数就都是可知的了。这些数构成一个域 $K(\theta)$,它包含了 K。在 $K(\theta)$ 中,θ 成为起决定作用的数,即 $K(\theta)$ 中所有其他的数都可由 θ 经有理运算导出。但 $K(\theta)$ 中有许多数,实际上是所有的数都可起到与 θ 相同的作用,因此,如果我们以研究域 $K(\theta)$ 来代替对方程 $f(x)=0$ 的研究将是一个突破。这样做我们可以略去一切无谓的细节,同时可以考虑对 $f(x)=0$ 使用奇恩豪森(Tschirn-hausen)变换而得到的所有方程。数域的代数理论,首先是其算术理论,乃是数学中的卓越创造。从结果的丰富以及深度来看,那是最完美的创造。

代数中有一些域的元素不是数。单变量的或者说未定元 x 的多项式(系数在某个域中),在加、减和乘法下是封闭的,但在除法下则不然。这样的量构成的系统称作整环。考虑 x 是一个连续取值的变元这种想法不属于代数的范围;它仅仅是个未定元,一个空泛的符号,与多项式的系数结合成一个统一的表达式,使人们易于记住加法与乘法的规则。0 也是一个多项式,它的所有系数都是 0(它不是指对于变元 x 的所有值取值皆为 0 的多项式)。我们可以证明两个非零多项式的乘积 $\neq 0$。代数的观点不排斥用我们所考虑的域中的元素 a 代换 x 的做法。当然,我们也可以用具有一个或多个未定元 $y,z,\cdots$ 的多项式来代换 x。这种代换是一种形式过程,它实现了从 x 的多项式整环 $K[x]$ 到 K 或到整环 $K[y,z,\cdots]$ 之上的忠实的投影。这里的"忠实"意味着应保持由加法和乘法所建立的各种关系。这是多项式的形式演算,是我们要教给中学里学代数的学生的。当我们作多项式的商,便得到了有理函数域,此时必须用同样的形式方法来讨论。注意,这个域中的元素不再是数而是函数。类似地,系数在 K 中并具有两个变元 x,y 或三个变元 x,y,z 的多项式和有理函数分别构成整环或域。

比较下列三个整环:整数环,系数为有理数的 x 的多项式环,系数为有理数的 x 和 y 的多项式环。欧几里得算法对前面两个环成立,因此我们有如下定理:如 a,b 是两个互素的元素,则在相应的环里有元素 p,q,使得

$$1=p\cdot a+q\cdot b \qquad\qquad (*)$$

这意味着我们所论及的这两个环是唯一分解整环。定理 $(*)$ 对两变元的多项式不成立。例如,$x-y$ 和 $x+y$ 是两个互素的多项式,对任意选取的多项式 $p(x,y)$ 和 $q(x,y)$,多项式 $p(x,y)(x-y)+q(x,y)$ $(x+y)$ 的常数项都是 0 而不是 1。然而系数在某域中的两变元的多

项式却同样构成唯一分解整环。这个例子道出了两者之间有趣的相似之处以及差别所在。

代数中还有另一种构作域的办法。它既不涉及数也不涉及函数，而是考虑同余(类)。设 p 是一整素数。如果两个数的差能被 p 整除，则我们将这两个数视为同一，或称它们是 $\mod p$(模 p)同余(为了能"看见"同余的含义，不妨将一根线绕在周长为 p 的圆形物上试试)，这样便得到了有 p 个元素的域。这种表示法在整个数论中是极为有用的。例如考虑下述有大量应用的高斯定理：如 $f(x)$ 和 $g(x)$ 是两个整系数的多项式，使得乘积 $f(x) \cdot g(x)$ 的所有系数都能被素数 p 整除，则 $f(x)$ 的全部系数或 $g(x)$ 的全部系数必被 p 整除。这恰是一个平凡的定理——两个多项式乘积为 0 仅当两因子之一为 0 时成立——对于刚描述过的系数域的应用。这个整环含有这种多项式，它本身不是 0，却在变量的所有取值处为 0；$x^p - x$ 就是这种多项式，事实上由费马定理知

$$a^p - a \equiv 0 (\mod p)$$

柯西利用类似的方法构造复数。他将虚单位 i 作为一个未定元，讨论实系数的 i 的多项式模 $i^2 + 1$ 的情形。如果两个多项式的差能被 $i^2 + 1$ 所整除，他即认为它们相等。用这个方法，实际上不可解的方程 $i^2 + 1 = 0$ 就多少成为可解的了。注意多项式 $i^2 + 1$ 在实数上是不可约的。克罗内克(Kronecker)推广了柯西的做法。他设 K 是一个域，$p(x)$ 是 K 上的不可约多项式。系数在 K 中的多项式 $f(x)$ 经 $\mod$ $p(x)$ 后就构成了域(不仅仅是整环)。从代数观点看，这种做法完全等价于我们前面所描述的内容，并可以认为它就是通过在 K 上添加方程 $p(x)$ 的根 θ 而将 K 扩充为 $K(\theta)$。但这种做法确有优越性，即它涉及的是纯代数领域的事，并且避开了去解一个实际上在 K 上不可解的方程的要求。

很自然，这些发展会促进代数的纯公理化的过程。域是一个被称为数的对象的系统，它在被称为加法和乘法的两种运算下封闭，且满

足通常的公理：两种运算都满足结合律和交换律，乘法对于加法满足分配律，两种运算都是唯一可逆的，分别导出减法和除法。如果将乘法可逆性公理去掉，则所产生的系统称为环。现在，"域"不再像以前只标示实数或复数连续统中的某个部分，而是一个独立自足的宇宙了。我们只能对同一域中的元素而不能对不同域中的元素作运算。在运算过程中，我们无须使用根据大小关系抽象得来的符号＜和＞。这类关系与代数毫不相干，抽象"数域"中的"数"是不受这种关系支配的。此时，分析中具同一性状的数的连续统，将被无限多样的结构不同的域所代替。前面我们所描述的添加一个未定元，以及将那些相对于某个固定的素元素同余的元素视为等同的做法，可被看作从给定环或域导出另外的环或域的两种构作模式。

在几何基本公理的基础上，我们也可以导出这种抽象数概念。让我们看平面射影几何的情形。单单由关联公理就可导出一个"数域"，它跟这种几何联系得十分自然。它的元素"数"是一种纯粹的几何要素——伸缩（dialation）。点和直线是该域中的"数"构成的三元组的比，分别为 $x_1 : x_2 : x_3$. 和 $u_1 : u_2 : u_3$，使得点 $x_1 : x_2 : x_3$ 位于直线 $u_1 : u_2 : u_3$ 上的关联性由下列方程表示：

$$x_1 u_1 + x_2 u_2 + x_3 u_3 = 0$$

反之，若利用这种代数表达式去定义几何术语，则每个抽象域导出与之对应的射影平面都满足关联公理。由此可见，对与射影平面相联系的数域要加的限制，不能从关联公理方面引出。此时，代数与几何之间的先天的和谐以最令人难忘的方式显现出来了。对于跟普通的实数连续统对应的几何数系，我们必须引入序公理及连续性公理，它们跟关联公理属于完全不同的类型。这样，我们便达到了对若干世纪以来支配数学发展的观念的逆转，这种逆转似乎最早起源于印度，并由阿拉伯学者传到西方：今日，我们已将数的概念作为几何的逻辑前提，因此我们进入了所有的量的王国，其中都耸立着普遍的、系统发展了的、独立于各种应用的数的概念。不过现在让我们回到希腊人的观

念上来：每个学科都有一个与之结合的内在的数的王国，它必须由
该学科的内部导出。我们不仅在几何中，而且在量子物理中同样经历
了这种逆转。根据量子物理学，对于跟特殊的物理结构相联系的物理
量（不是依赖于不同状态可能取的数值），允许有加法和非交换的乘
法，这样便得到一个内在的代数量的系统，它不能被看作是实数系的
一部分。

　　现在我要实现自己的许诺，举一个简单的例子，以说明分析学的
拓扑模式与抽象代数模式间的相互关系。我考虑单变元 x 的代数函
数理论。设 $K(x)$ 是 x 的有理函数域，其系数是任意的复数。设 f
(z)，或更确切地设 $f(z;x)$ 是 z 的 n 次多项式，其系数在 $K(x)$ 中。前
面已说明这样的多项式在 $K(x)$ 上不可约。这是纯代数的概念。现构
造一个由方程 $f(z;x)=0$ 决定的 n 值代数函数的黎曼曲面。它的 n
个叶展布在 x-平面上。为了能方便地将 x-平面通过球极平面射影映
入 x-球面，我们在 x-平面上加上无穷远点。如球面一样，我们的黎曼
曲面现在是闭的。多项式 f 的不可约性可由 $z(x)$ 的黎曼曲面的很简
单的拓扑性质表现出来，即它的连通性：如果我们晃摇这个黎曼曲面
的纸做的模型，它不会破裂分为几片。在这里你看到了纯代数与纯拓
扑概念的吻合。两者实现了沿不同方向的一般化。不可约性这一代
数概念仅仅依赖于这样的事实：多项式的系数在一个域中。特别地，
$K(x)$ 可以换为 x 的有理函数域，其系数属于事先指定的域 K，后者用
以代替所有复数构成的连续统。另一方面，从拓扑角度看，所论及的
曲面是否黎曼曲面，是否被赋予了一个共形结构，是否由有限多个展
布在 x-平面上的叶组成等都无关紧要。两个对手中的每一位都可以
指责对方只注意枝节而忽略了本质特征。谁对呢？像这样的一些问
题，它们其实并不涉及事实本身，而只涉及看待事实的方式，而当它们
激起人们的情绪时可能会导致敌意甚至流血事件。当然在数学中，后
果不会如此严重。然而，黎曼的代数函数论的拓扑理论与魏尔斯特拉
斯的更代数化的学派之间的对立，导致数学家分了派系，并几乎持续

了一代人的时间。

魏尔斯特拉斯本人在给他的忠实弟子施瓦茨的信中写道:"对于我一直在研究的函数论的原理,我考虑得越多就越加强了我如下的信心,该理论必须建立在代数真理的基础之上。因此当情形反过来,(简单地说是)用'超越物'①来建立简单的和基本的代数定理——用黎曼获得的许多发现来考虑代数函数的最重要的性质,那么不管初看起来多么有吸引力,其实并非是正确的方法。"这就把我们变成了单面人;拓扑的或代数的理解方式,没有哪一种能使我们承认它无条件地比另一种优越。我们不能对魏尔斯特拉斯表示宽容,因为他半途而废了。确实,他清晰地把函数构作成一种代数的模式,但却也使用了并没有在代数上加以分析且在某种程度上是代数学家难以理解的复数连续统作为系数。沿着魏尔斯特拉斯所遵循的方向所发展起来的占据统治地位的一般性理论,仍是一种抽象的数域及由代数方程所决定的扩张的理论。于是,这种代数函数理论的研究纳入了跟代数函数理论具有共同的公理基础的研究方向。事实上,希尔伯特心目中的数域理论是(跟后者相联系的)一种类比,它所呈现的形态跟在黎曼用他的拓扑方法发现的代数函数王国中的事物一样(当然,当要做出证明时,这种类比就毫无用处了)。

我们的"不可约—连通"的例子,从另一方面看也十分典型。跟代数的准则相比,拓扑的准则是何等的直观、简明和易懂(摇晃纸模型,观察有无纸片落下!)。连续统所具备的基本的直观特性(我想在直观方面它比 1 和自然数更具优越性),使得拓扑方法特别适用于数学中的发现及概要性研究,但遇到需要严格的证明时,也会遇到困难。它跟直观联系紧密,而在驾驭逻辑时就会碰到麻烦。魏尔斯特拉斯,马克斯·诺特(M. Noether)及其他一些人宁可使用麻烦的但感觉更可靠的直接的代数构造方法,而不喜欢黎曼的超越的拓扑论证,其理由

---

① 超越物(transcendental):指超出一般经验的事物。此处是指黎曼的拓扑理论。——校注

就在于此。现在,抽象代数正一步步地整理着那些笨拙的计算。一般性的假设及公理化迫使人们抛弃盲目的计算,并将复杂的事物分为简单的部分,每部分都可以用简明的推理来处理。于是,代数就成为公理体系的富庶之乡。

我必须对拓扑方法再说几句话,以免给人一种笼统含混的印象。当一个连续统(比如二维闭流形、曲面等)成为数学研究的对象,那么我们必须将它再剖分为有限多个"基本片"来讨论,每一个片的拓扑性质跟圆盘一样。这些片又可以按照一种固定的模式重复地进行再剖分。因此,连续统的一个特别之处是总能被在无限剖分过程中出现的无穷多套碎片进行更精细的截割。在一维情形,对基本线段重复进行的"正规剖分"是一分为二的。对二维情形,首先将每一条边都分为两半,于是曲面上的每一片都可通过曲面中从任意中心引向(新或老的)顶点的线分成若干三角形。要证明一个片是基本的,只要证明它可通过这种重复剖分过程中分为任意小的片。最开始进行的剖分为基本片的模式(下面简称为"骨架")通过给面、边和顶点标以符号来表示最为恰当。这样就规定了这些要素相互间的界限关系。随着连续进行的剖分,流形可以看作是由密度不断增大的坐标网张成的,这种坐标网可以通过无限的符号序列来确定各个点,该符号序列起到了跟数相类似的作用。这里的实数以并向量分数(dyadic fraction)的特殊形式出现,用于刻画开的一维连续统的剖分。此外,我们可以说每个连续统都有它自己的算术模式;通过参照开的一维连续统的特殊剖分模式而引入的数值坐标违背了事物的自然属性,它的唯一好处是当数的连续统具有了四种运算后,在实际计算时十分方便。对于现实的连续统,对其剖分的了解没有精确的数量概念;当剖分过程一步步地进行时,人们必须想象前一次的剖分所确定的边界应是被清晰地确定了的。同样,对于现实的连续统,本应是无限的剖分过程实际上只能终止于某一确定的阶段。但从具体的认识角度考虑,现实的连续统的局部化、组合模式、算术零形式(the arithmetical nullform)都是事先就确定为无限的过程;数学单独研究这种组合模式。由于对最初的拓扑骨架连续地剖分是按照固定模式进行的,所以必定有可能获悉从最初的骨架导出的新生的流形的全部拓扑性质。原则上,这意味着必定有可能去研究作为有限组合的拓扑学。对拓扑学而言,终极的元素,这些原子,在某种意义上是骨架中的基本部分,而不是相关的连续流形中的点。特别地,给定两个这样的骨架,我们必定能决定它们是否导出共点流形。换句话说,我们必定能够决定是否可以将它们视为同一个流形的剖分。

从代数方程 $f(z,x)=0$ 到黎曼曲面的这种转换,在代数中的相似物是从该方程到由函数 $z(x)$ 确定的域的转换。之所以如此,是由于该黎曼曲面不仅很好地被函数 $z(x)$,而且也被这个域中所有的代数函数所占有。最能反映黎曼的函数理论的特征的是逆问题:给定一个黎曼曲面,构作出它的代数函数域。这问题恰好总有一个解。因为黎曼曲面上的每一个点 $\mathcal{P}$,都位于 x-平面的一个确定点的上方,所以目前所作成的黎曼曲面是嵌在 x-平面上的。下一步是对这种 $\mathcal{P}\rightarrow x$ 的嵌入关系进行抽象。结果,黎曼曲面变成了可以说是自由浮动的曲面,它具有一种共形结构和一种角测度(an angle measure)。注意,在通常的曲面论中,我们必须学会区分下列两种情形:一是将曲面看成由特殊类型的元素,即它的点构成的连续的结构;另一是将曲面以一种连续的方式嵌入三维空间,曲面上每个点 $\mathcal{P}$ 与空间中的点 P(即 $\mathcal{P}$ 所占据的位置)相对应。在黎曼曲面的情形,仅有的差别是黎曼曲面与嵌入的平面有相同的维数。对于嵌入进行抽象,从代数的角度看是在任意双有理变换下的不变性。进入拓扑王国,我们则必须忽略自由浮动的黎曼曲面上的共形结构。继续比较下去,我们可以说黎曼曲面的共形结构等价于通常曲面的距离结构。通常的曲面指由第一基本形式决定的,或是仿射和射影微分几何中分别具有仿射和射影结构的曲面。在实数连续统中,代数的运算＋和·反映了它的结构的面貌;在连续群中,将元素的有序对与它们的乘积相对应的规律起着类似的作用。以上评论可能会提高我们对不同方法之间的关系的鉴赏力。这涉及一个排座次的问题,看把哪方面的问题作为最基本的问题。在拓扑中,我们从连续的连通概念开始,然后在更专门的课程中渐渐加上相关结构的特征等内容。在代数中,这个次序在某种意义上被颠倒过来了。代数将运算看作所有数学思维的发端,在专门化的最后阶段也容许涉及连续性,或者说涉及连续性在代数中的某个代用品。这两种方法遵循的方向是相对的,没人会对它们不能融洽相处感到奇怪。一方认为是最容易接触到的东西,对另一方常常是隐藏在最深处的。最近几年里,在连续群表示论中使用了线性变换。我对于同时要为两个主人服务有多么困难是感触颇深的。像代数函数这种经典理论能够做到适合于用这两种观点来观察,但从这两种观点出发看到的是完全不同的景象。

在作了一般性的评注后,我想用两个简单的例子说明在代数和拓扑中所建立的不同类型的概念。拓扑方法极富成果的经典例子是黎曼的代数函数及其积分的理论。作为一种拓扑曲面,黎曼曲面只用一个量来刻画,即它的连通数或亏格 p。球面的 $p=0$,环面的 $p=1$。从描述拓扑性质的数 p 在黎曼曲面的函数论中所起的决定作用可知,将拓扑置于函数论之前是多么的明智与合理。我选列几个显眼的定理:曲面上处处正则的微分的线性无关数是 p。曲面上微分的全阶数(即零点数与极点数之差)是 $2p-2$。若我们在曲面上选定多于 p 个的任意点,则恰存在一个曲面上的单值函数,在选定的点处可能有单阶极点,而在其他处全是正则的。若选定的极点数恰是 p,那么如果这些点在一般位置上,则上述结论不再正确。这个问题的确切答案由黎曼-罗赫(Roch)定理给出,该定理中的黎曼曲面由数 p 决定。如果我们考虑曲面上除去在一个点 $\mathcal{P}$ 处有极点外处处正则的函数,那么极点的阶可能是所有的数 $1,2,3,\cdots$,只要除去 p 的某些幂次[魏尔斯特拉斯间隙定理(gap theorem)]。不难看出很多这样的例子。亏格 p 在整个黎曼曲面的函数理论中无处不在。每走一步都要遇见它,其作用是直接的,无须复杂的计算,它的拓扑意义也是易于理解的(假定我们一劳永逸地将汤姆森-狄利克雷原理当作函数论的基本原理)。

柯西积分定理首次提供了让拓扑进入函数论的机会。一个解析函数在一闭路径上积分为 0,仅当含有此闭路径且是该解析函数的定义域的区域是单连通时成立。让我们用这个例子来说明如何将函数论中的事物"拓扑化"。若 $f(z)$ 是解析的,则积分 $\int_\gamma f(z)\mathrm{d}z$ 对于每一条曲线 γ 对应一个数 $F(\gamma)$,它满足

$$F(\gamma_1 + \gamma_2) = F(\gamma_1) + F(\gamma_2) \qquad\qquad (十)$$

$\gamma_1 + \gamma_2$ 表示一条曲线,使得 γ_2 的起点与 γ_1 的终点重合。函数方程(十)标志着 $F(\gamma)$ 是加性路径函数。而且,每点有一个邻域,使对该邻域中的每个闭路径 γ 有 $F(\gamma)=0$。我将把具有这些性质的路径函数称为拓扑积分,或简称积分。事实上,所有这些概念都要有一个假定,即要给定一个连续流形以便能在上面画曲线;这就是积分的解析概念的拓扑精髓。积分可以相加或用数来乘。柯西积分定理的拓扑方面是说,在单连通流形上的积分同调于 0(不仅在小范围,而且也在大范围成立),即在流形的每个闭曲线 γ 上 $F(\gamma)=0$。由此,我们可以看明白"单连通"的定义。(柯西积分定理的)函数论方面说,一个解析函数的积分按照我们的术语是所谓的拓扑积分。连通性的阶的定义(即我们正打算要解释的东西)由此引入是十分合适的。在一闭曲面上的积分 $F_1, F_2, \cdots, F_n$ 称为线性无关的,如果它们不能使如下同调关系成立:

$$c_1 F_1 + c_2 F_2 + \cdots + c_n F_n \sim 0$$

其中常系数 c_i 不是平凡的,即不全为 0。曲面的连通性的阶即是最大的线性无关积分的数目。对于闭双侧曲面,连通性的阶 h 永远等于偶数 $2p$,p 是其亏格。从积分间的同调我们可达到闭路径之间的同调概念。下述的路径同调

$$n_1 \gamma_1 + n_2 \gamma_2 + \cdots + n_r \gamma_r \sim 0$$

是说:对每个积分 F,我们都有等式

$$n_1 F(\gamma_1) + n_2 F(\gamma_2) + \cdots + n_r F(\gamma_r) = 0$$

当我们再回过头来看拓扑骨架——它将曲面剖分为基本片并用基本片构成的离散链代替路径上的连续的点链，则我们可得到连通性的阶 h 用数 s,k,e 表示的式子，其中 s 为基本片数，k 为边数，e 为顶点数。我们所论及的表达式是著名的欧拉多面体公式 $h=k-(e+s)+2$。反之，如果我们以拓扑骨架作为出发点，则我们的推理就导出这样的结果：以片数、边数、顶点数的组合式表达的 h 是一个拓扑不变量，即对于"等价"的骨架，它们具有相同的 h 值，两个骨架等价意指它们只是同一流形的不同的剖分。

当考虑在函数论中的应用时，使用汤姆森-狄利克雷原理就可能将拓扑积分"领会"成一个在黎曼曲面上处处正则-解析的微分的具体积分。人们会说，所有构造性的工作都由拓扑方面去作了；而拓扑结果借助于万有变换原理（即狄利克雷原理）又可以用函数论方式加以领会。在某种意义下，这与解析几何很相似。在解析几何中，所有的构造性的工作都在数的王国中进行，然后，借助寄居于坐标概念中的变换法则，从几何角度"领会"所得的结果。

这一切在单值化理论上表现得更完美，该理论在整个函数论中起了中心作用。但是在这里，我倾向于指出另一个大概跟你们中许多人更接近的应用。我所想的是枚举几何，它研究的内容是确定一个代数关系构造中的交点、奇点等的数目。舒伯特（Schubert）和措伊腾（Zeuthen）把它搞成一种很一般的但极少有可靠论证的系统。在莱夫谢茨（Lefschetz）和范·德·瓦尔登（von der Waerden）的努力下，拓扑在引入无例外成立的重数定义及同样是无例外成立的各种法则方面，取得了决定性的成功。对于一个双侧面上的两条曲线，在交点处一条曲线可以从左向右或从右向左地穿过另一条。这些交点必须用加上权 $+1$ 或 -1 来标识每一次穿越，于是，相交的权的总和（可能是正数也可能是负数）在曲线的任意连续形变下是个不变量；事实上，当曲线用与其同调的曲线代替时，它仍保持不变。因此，有可能通过拓扑的有限组合手段把握这个数,并得到明晰的一般公式。实际上,两条代数曲线是通过解析映射嵌入在实四维空间中的两个闭黎曼曲面。但是在代数几何中,交点是按正的重数计算的,而在拓扑中人们是在穿越的意义下考虑的。所以,用拓扑方法可以重新解代数方程是令人吃惊的。我们可以这样来解释,对于解析流形的情形,穿越永远在同样的含义下发生。如果在 x_1, x_2-平面的两条曲线在它们的交点附近由函数 $x_1 = x_1(s), x_2 = x_2(s)$ 和 $x_1 = x_1^*(t), x_2 = x_2^*(t)$ 表示,那么表示第一条曲线交了第二条的权 ± 1 的符号取法由下列雅可比(Jacobi)式(在交点处计算出的值)的符号决定:

$$\begin{vmatrix} \dfrac{\mathrm{d}x_1}{\mathrm{d}s} & \dfrac{\mathrm{d}x_2}{\mathrm{d}s} \\ \dfrac{\mathrm{d}x_1^*}{\mathrm{d}t} & \dfrac{\mathrm{d}x_2^*}{\mathrm{d}t} \end{vmatrix} = \frac{\partial(x_1, x_2)}{\partial(x, t)}$$

在复代数"曲线"的情形,这个判别法永远给出 $+1$。确实,设 z_1, z_2 是平面的复坐标,s, t 分别是两"曲线"的复坐标。z_1 和 z_2 的实部与虚部起了平面上实坐标的作用。我们可取 $z_1, \bar{z}_1, z_2, \bar{z}_2$ 代替它们。这时,决定穿越的性质的判别式为

$$\frac{\partial(z_1, \bar{z}_1, z_2, \bar{z}_2)}{\partial(s, \bar{s}, t, \bar{t})} = \frac{\partial(z_1, z_2)}{\partial(s, t)} \cdot \frac{\partial(\bar{z}_1, \bar{z}_2)}{\partial(\bar{s}, \bar{t})} = \left| \frac{\partial(z_1, z_2)}{\partial(s, t)} \right|^2$$

故它恒为正。注意,关于代数曲线之间的对应的胡尔维茨(Hurwitz)理论能同样地导出其纯拓扑的内核。

在抽象代数方面,我将只强调一个基本概念,即理想的概念。如果我们使用代数方法,那么代数流形是在一个以 x, y 和 z 为复笛卡儿坐标的三维空间中,由下述几个联立方程给出:

$$f_1(x, y, z) = 0, \cdots, f_n(x, y, z) = 0$$

f_i 是多项式。对于曲线的情形,只要两个方程就足够了。流形上的点不仅使 f_i 为 0,而且也使形如

$$f = A_1 f_1 + \cdots + A_n f_n \quad (A_i \text{ 是多项式}) \qquad (**)$$

的多项式为 0。这样的多项式 f 在多项式环中构成"理想"。戴德金

(Dedekind)定义一个给定环中的理想是一个数系,由环中那些在加、减法和环元素的乘法下封闭的元素组成的系。就我们的目的而言,这一概念的范围并不太广。理由是:根据希尔伯特基底定理,多项式环的每个理想具有有限基;在理想中存在有限个多项式 $f_1, \cdots, f_n$,使得理想中每一个多项式都可以用形式(**)表出。于是,研究代数流形归结为研究理想。在代数曲面上,存在点和代数曲线。后者由若干理想所表示,这些理想乃是所考虑的理想的除子。马克斯·诺特的基本定理所讨论的问题是关于这样一些理想的,其零点流形只由有限多个点构成;该定理并依据在这些点处的性质来刻画这种理想中的多项式。此定理很容易利用将理想分解为素理想的方法导出。埃米·诺特(Emmy Noether)的研究表明,由戴德金在代数数域理论中首次引入的理想这一概念,如阿里亚特纳(Ariadne)[①]的线球一样,将代数及算术的全部内容联在一起。范·德·瓦尔登能用理想论的代数手段来论证枚举演算的合理性。

如果在任一抽象数域而非复数连续统中考虑问题,那么此时代数基本定理就不一定成立。该定理断言,每个单复变量多项式可(唯一)分解为线性因子。因此,在代数研究中有一种习惯:看看一个证明是否用了代数基本定理。在每一种代数理论中,有一些属于更基本的部分,它与基本定理无关,因此在所有的域中都成立;而对一些高深的部分,基本定理则是不可或缺的。后者就需要有域的代数闭包。在大多数情形下,基本定理标志着一种起决定作用的分界线;只要有可能就应该避免使用它。为建立在任意域中都成立的定理,将一个域嵌到一个较大的域中的做法常常是有用的。特别地,有可能将任一域嵌到一个代数闭域中。有个众所周知的例子是证明一个实多项式在实数范围可分解为线性或二次因子。为了证明它,我们添加一个 i 到实数中,这样便嵌到复数的代数域中了。这种方法在拓扑中有一个类比,

---

① 希腊神话中的人物,克里特国王米诺斯的女儿。她曾教她所爱的人用一线球,将一端拴在迷宫入口处,然后放线深入迷宫,杀死怪物又安全走出迷宫。——译注

用于对流形的研究与特性刻画;在曲面情形,这种类比在于应用覆盖曲面。

在当代,我们的兴趣的中心是非交换代数,在其中人们不再假定乘法是可交换的。它是因数学的具体需要而兴起的。算子的合成就是一类非交换的运算。有一个独特的例子,我们将考虑多变元函数 $f(x_1, x_2, \cdots, x_n)$ 的对称性质。我们可以用任一置换 s 作用于 f,f 对称性则用一个或几个如下形式的方程表示:

$$\sum_s a(s) \cdot sf = 0$$

这里,$a(s)$ 代表跟置换有关的数值系数。这些系数属于一个给定的域 K。$\sum_s a(s) \cdot s$ 是"对称算子"。这些算子可以用数来乘,可以作加和乘,"乘"即相继地作用,它的运算的结果依赖于"因子"的次序。因为对称算子的加法和乘法满足所有形式的运算规则,所以构成一个"非交换环"(超复数系)。理想概念在非交换的领域中仍然起主导作用。近年来,对群及其用线性变换表示方面的研究几乎完全被交换环论所同化。我们的例子说明,$n!$ 个置换 s 的乘法群怎样被扩充为由量 $\sum_s a(s) \cdot s$ 组成的结合环,其中除了乘法外,容许有加法和数乘。量子物理已经给非交换代数以强有力的推动。

可惜,我不能在这里给出建立一种抽象的代数理论的艺术的例子。这种艺术总是要建立正确的一般的概念,诸如域、理想等;要将一个断言分解为几步来证明(比如断言"A 蕴含着 B"或记作 $A \to B$,可分解为 $A \to C, C \to D, D \to B$ 等几步);还要将这些局部的断言用一般性的概念加以适当的一般化。一旦主要的断言被分为几个部分,非本质的因素被抛在一边,那么每一部分的证明就不会太难,这已是一条规则了。

迄今为止,只要出现了适用的拓扑方法,它会比代数方法更有效。抽象代数还没有产生过能跟黎曼用拓扑方法得到的成就相媲美的成果。也没有人顺着代数路径达到像克莱因、庞加莱和克贝(P. Koebe)

用拓扑的方法所达到的单值化研究的巅峰[①]。有些争论问题要到将来才能回答。但我不想对你们隐瞒数学家们日益增长的一种感觉,即抽象方法的富有成效的成果已接近枯竭。事实上,漂亮的一般性的概念不可能从天而降。实际情形是:开始时总是一些确定的具体问题,它们具有整体的复杂性,研究者必定是靠蛮力来征服它们的。这时,主张公理化的人来了,他们说要进这扇大门本不必打破它还碰伤了双手,而只要造一把如此这般的魔钥匙,就能轻轻地启开这扇门,就好像它是自动地打开一样。然而,他们之所以能造出这把钥匙,完全是因为那次成功的破门而入使他们能前前后后、里里外外地研究这把锁。在我们能够进行一般化、形式化和公理化之前,必须首先存在数学的实质性内容。我认为过去几十年中,我们赖以进行形式化的数学实质内容已经用得差不多了,几近枯竭!我预言下一代人在数学方面将面临一个严峻的时代。

这篇演讲的唯一目的是想让听众感受一下现代数学的本质部分所处的知识环境。对于想作更深入了解的人,我建议你读几本书。抽象的公理化代数的真正开创者是戴德金和克罗内克。在我们这个时代,在推动该方向的研究中起决定作用的是施坦尼茨(E. Steinitz)、诺特及其学派,以及阿廷(E. Artin)。拓扑学第一次重大的进步出现在19世纪中期,那是黎曼的函数论;更近期的进展主要跟庞加莱的位置分析(analysis situs)研究(1895—1904)有关。我要提出的书是:

[1]　代数方面:Steinitz, Algebraic Theory of Fields, appeared first in Crelles Journal in 1910。It was issued as a paperback by R. Baer and H. Hasse and published by Verlag W. de Gruyter,1930。

H. Hasse, Higher algebra I,II。Sammlung Göschen 1926/27。

B. v. d. Waerden, Modern algebra I,II。Springer 1930/31。

[2]　拓扑方面:H. Weyl, The Idea of a Riemann Surface, second ed。Teubner 1923。

---

① 　请注意此演说的年代是 1931 年。此后的发展情况未必如此。——译注

O. Veblen，Analysis Situs，second ed.，以及 S. Lefschetz，Topology. 这两本书收入了下列丛书：Colloquium Publications of the American Mathematical Society，New York 1931 and 1930。

[3]　F. Klein，History of Mathematics in the 19th Century，Springer 1926。

（本文译、校过程中，何育赞教授、戴新生教授对译文提出了有益的建议，特此致谢。）

（冯绪宁　译　袁向东　校）

B 心蕴诗魂的数学家与父亲^①

感谢钱德拉^②(Chandra)悉心尽力的安排,我们今天下午在学院与共形几何、时空、李群及连续统等领域里的赫尔曼·外尔"相会"。然而,他还是作为文学家、文体家、诗人和文献专家的赫尔曼·外尔。我,一个在他身边成长的男孩及后来有人文主义倾向的青年,对我父亲记忆最深的事是他对文学的热爱,或一般地说,是他对语言表达艺术的热爱——你们也会从他的著作中发现:他对引用文学作品——诗歌、散文、哲学——的爱好;他对语言(及符号)在传达数学与物理思想时的作用的讨论;他对文字的掌握,他的文体与风格——一种非常漂亮的文体:无比地清澈流畅,富于诗意,时而带有纯正的哲学激情。

我的童年是在 20 年代,正值赫尔曼^③创造力最旺盛的时期。也就是说阿希姆^④(Joachim Weyl,1915—1977)和我不能经常见到他,他有别的事要做而不能和孩子们相处得久些。即使这样,他还时常,主要在星期天下午,从书架上取下那本磨损的、神奇的《沃尔夫家常诗集锦》,用震壁的强音全神贯注地朗诵;我至今还记得其中的许多诗——《英雄的事迹》《懦夫的背叛》《夜间出现的骑士们》《埃瑞湖上遇到风暴的船只》《爱尔·锡德勇敢地驰向扎莫拉》等传说。赫尔曼用戏剧式的道白来朗读这些诗篇,完全吸引了我们的注意力。它不仅在我们心中

---

① 本文是 1985 年 11 月 7 日外尔百年纪念演讲会的晚宴上的一篇讲话。标题为译者所加,它取自本文的最后一句。——译注

② 印裔瑞士数学家 K. Chandrasekharan 的简称。他是《外尔全集》的编者和这次纪念会的组织者。——译注

③ 作者遵从欧美的一种习俗,直呼父名。——译注

④ 赫尔曼·外尔的长子,阿希姆是在家中的昵称。——译注

注入了奔放的诗,并使我们意识到书本后父亲心中涌动着激情的火山。后来在我们少年时期,他也为我们读散文。有趣得很,(我猜)他又返老还童了,郑重其事地向比我大两岁半的阿希姆介绍卡尔·迈①(Karl May,1842—1912)的著作,朗读《威尼托》及北非沙漠小说中冗长的篇章。于是引导阿希姆——不久后也引导我,反复地、贪婪地看卡尔·迈的书。但我印象更深的是赫尔曼启发性的诵读赛尔玛·拉格略夫的《歌斯塔·贝尔林的故事》(德译本);我几乎难以分辨父亲与小说中的英雄——那位浪漫热情、雄辩的瑞典骑士,赫尔曼的许多作品与歌斯塔·贝尔林等同。他介绍给我们的其他文学作品有斯托姆的《骑白马的人》,J. P. 雅可布生的《尼尔斯·林涅》,C. F. 迈耶的《于尔格·耶纳奇》,及德科斯特的《乌伦斯皮格的传说》,以及许多诗歌——荷德林、歌德(其中包括《西东合集》选读)、郭特佛里德·凯勒、维尔亥伦、尼采、德梅尔、佛朗兹·威弗尔等人的诗,甚至阅读托马斯·曼的《魔山》和尼采的《查拉图斯拉如是说》的选段。回想起来,这个读书计划有很清楚的教育目的:培养我们对文学,特别是德语文学的爱好,引导我们的智育发展和童趣。我应当说他做得很成功。

赫尔曼的文学兴趣极广。我几乎用不着向你们提起他对哲学了如指掌——不仅熟悉与他作为一个数学家与物理学家有关的那些思想家:德谟克利特、莱布尼茨、康德、费希特、胡塞尔、卡锡尔、罗素;并涉及那些以形而上学和非科学倾向的思维而著称的人物,如迈斯特·爱克哈特、克尔凯郭尔、尼采、海德格尔和耶斯泊斯。我记得赫尔曼经常长时间地阅读卡尔·耶斯泊斯的三大卷《哲学》,和家人及朋友讨论,深深地为其中的思想所感动。在另一些时候,他完全埋首于尼采的著作中。

首先,他对诗歌有深切的爱好,特别是德国的诗,后来也涉猎英国和美国的诗。他生动地引用诗(包括散文),为的是使冷峻的数学著作增添一些人文和感情色彩,对此,值得专写一篇有趣的短文论述。他

---

① 德国作家,专写供青年阅读的游记和冒险故事。——校注

在一篇论及当时数学现状的文章中写道："数学不是外行们所见的那样严厉与刻板；然而，我们在它处于约束与自由的交汇点中找到自己，这正是人的本性。"用这样的词句来联系数学与人的本性，他指出在创造性的文学精神范畴的经验与洞察方面，两者是内在统一的。对他来说，数学与艺术的兄弟关系是理所当然的事，正是由于洞察到他内心中这种主要气质，钱德拉在《外尔全集》的序言中引用了赫尔曼的这样一段话："我相信数学，和音乐一样，是深植于人的本性中的创造。不是作为孤立的技术成就，而是作为人类存在整体的一部分才是它的价值所在。"

他有极丰富的文学知识——当然我们兄弟俩也受益匪浅——以致只要需要，他随时能像变戏法似地、恰当地旁征博引。例如安娜·威克姆的那一首小诗——我相信我们以前未曾听说过这位作家——他在他的书中引用过，为的是用充满人性哀伤的词重述一个古老的观点，由于它完全的旋转对称，空间中的球代表着完美：

> 主啊，我万能对称的主啊，
>
> 是你将那灼人的渴望植入我的灵魂，
>
> 让我在这无谓的追寻中耗费年华，徒添悲伤，
>
> 主啊，赐予我一个完美之物吧！

主啊，我万能对称的主啊：天知道要熟悉多少诗篇，才能信手拈来一个不为人所熟知的美丽而贴切的小诗来为几何对象增添浓厚的人情味。

看赫尔曼念诗——他经常轻柔有调地低吟——或听他高声朗诵，会立刻感受到这如何充实了他内在的需要。在他内心深处，我敢说，数学和诗是一回事；而正因如此，我想，作为一个数学家，他真实地感到更贴近于直观主义而不是形式主义。值得一提的是他最喜欢那些直接向心灵诉说的诗，而不是用苍白的思维表达的过分知识化的诗。有一次，他给阿希姆写道："我喜欢那类有强烈人情需求的诗，不论它是温柔的或激情的，从歌德的抒情诗到威弗尔那样直诉于你胸怀的

诗。还有,像你能在里尔克诗中领会到那样屏声静气地聆听万物平和的声音,轻柔地抚摸着似的,也能给我欢快……"他还说过,许多近代英国诗中的缄默而荒谬的特性是非他所好。赫尔曼有一次介绍他的一位同事为"有数学家灵魂的物理学家"(我认为这是他能给物理学家最高的恭维);而赫尔曼则是一位蕴有诗魂的数学家,至少我是这样感受的。

这一切都显示了赫尔曼对语言有高度的敏感和深厚的素养。对他来说,善于——准确地、简洁地和优雅地——表达自己,并使他的文章在结构上清楚而合于逻辑是最重要的事。他有一次承认:"我几乎更关心表达形式与文体而不是认知本身。"[①]对语言的完全掌握是他对自己的要求;而只有了解到这一点,我们才能体会到他在《典型群》的序言中对他不够完美的英语所表达的腼腆的歉意:"上帝在我的写作中加了一道我在摇篮中没听过的外国语的束缚。我愿像郭特佛里德·凯勒那样诉说:'这个应当怎么说,每个人都知道,却依然如梦中无马空骑'[②],没有人比我自己更清楚在表达的气势、流畅与清晰上所带来的损失。"气势、流畅与清晰正是他所要求的。即使他骑起这匹"英文"新马和骑那匹伴随他成长的他所深爱的"德文"老马一样好,但显然他仍有些觉得不是得心应手。即便如此,作为一个文体家,他愿奉行他所指出的希尔伯特风格的特色。对此,他是这样说的:"非常清楚。正如你快步穿过一个阳光明媚的风景区;放眼向四周看去,当你必须振作精神爬山时,分界和交叉的路径正向你展现;认准方向,顺道直上,不用踯躅,没有弯道。"

弗勒登塔尔(Freuadenthal)称我父亲是一个新文体——数学散文——的创造者。的确如此,特别是在哲学味较浓的写作中,他表现为一个真正的数学与物理的散文家。他在《数学与自然科学之哲学》

---

① 这句话正说明了外尔的数学书和论文难读的原因。——译注

② 外尔引用这段诗似乎意味着他用英语写作时,遣词造句犹如梦中跑马。实际上他的英文写得很好。——译注

的序言中写道:"如果没有事实与构造为一方,概念的形象化描述为另一方的两者的交替作用,科学将会消亡。"概念的形象化描述! 作为一个数学家,他不得不运用符号;但他辅之以语言,经常是非常雄辩的语言,自由地运用概念的形象化描述。作为一个数学家和物理学家,他有一次宣称,我们不能不用语言,特别是在量子物理学中。"无论如何,我们必须满足这一事实:没有对外在世界的自然的理解,没有用以表达这种理解的语言,我将一无所获。"

他指出,经典物理学的语言,即使不是日常及文学语言,仍是他的科学所必需的符号。赫尔曼那样动人地使用语言,使他成为一个真正的概念形象化描述的大师。且看他如何总结这一观点:一个数学公式的有效性不能简单地从它的外貌特征来决定,而只能通过"实践",即不同数学背景中的实验来决定。"因此我们可以谈论理性的原味,"他写道,"我们没获得真理,没有理由为此瞠目,真理要通过实践去获得。"他的诗人气质经常显示光彩,例如,1954 年他在洛桑向听众说他在写《数学与自然科学之哲学》时是如何作准备的:"整整一年,我阅读哲学上了瘾,如蝴蝶翩飞,逐花采蜜。"我们可以从这本书中摘出一句典型地反映赫尔曼的充满图像的话:"客观世界只是存在,而不是发生。随着我们意识的凝视,沿着我身体的生命线向上攀附,这世界的一小块是'活着的',以它的像在空间中浮游,在时间中变化。"

他一定对口头的交流感到莫大的兴趣,在 1924 年,他突发奇想用柏拉图式的对话来表达他关于场论的新观点,这对话设计成是在他的"前身"彼得和他的"新身"保罗之间进行的。"啊! 保罗! 保罗!"在一个关节处彼得喊道,"在水晶般清亮的真理面前,你怎能这样固执!"但保罗挖苦地回答:"正是这样,我不再赞同你的信念;如果这是你相对论教堂的基石,那么,彼得! 我真成了一个持异议者。"——对文学瑰宝的专家而言,对话的高潮("质量惯性与宇宙")是持异议者保罗讨论无穷远宇宙边缘的爱因斯坦式的像。在那里,时间与空间,永恒的过去与永恒的未来,变得不可分辨。保罗说:"因此没有合理的指令可以阻止一个物体的世界线自相封闭；但那会导致可怕的重身现象与自我相遇的可能性。"这正是作家赫尔曼尝试把数学概念人性化的一个好例子。

最后，我该再谈一下赫尔曼对文学表述的生机勃勃的兴趣也扩展到了口语。作为一个诗与散文的诠释者，他极善于修辞，以致能完全掌握着听众。更进一步，作为一个思想家和科学家，他强烈地感到需要交流。"知者欲言"，他对格丁根的数学学生们说。"让年轻的一代坐在他面前听他滔滔不绝地讲述吧！"他迁到格丁根的部分原因是他想与年轻人交流；在普林斯顿，他认为在高等研究院的"沉思生活"通过大学与研究院之间的讲座和讨论班的"交流活动"而得到补充。

不用说，这样一个神奇健谈的父亲，当心情适当时，真是一个有广泛兴趣与知识而引人入胜的有趣的交谈对象。他不喜欢闲言碎语和聊天，因此在外尔家的餐桌上，要么是闷人的安静，因为赫尔曼在考虑不变量或诸如此类的问题，要么是对文学、哲学、科学、时事、人物、艺术、音乐会的实质性的交谈。顺便一提，赫尔曼喜欢幽默，爱讲轶事。

他最喜欢与他所尊敬的人和那些有他感兴趣的思想与经验的人之间富有高度智慧的一对一的对话。我——当然赫拉①或爱伦（Ellen）②也在场——曾安静地在一旁聆听过许多这样的对话：与齐格尔、钱德拉、莫根斯特恩、弗里德里希·鲁兹等的对话；与 T. S. 艾里奥特、乔治·肯南、谢尔一家、珀蕾·诺顿、海伦洛等的对话。对我来说，这是兴奋的时刻。我记忆最深的是 1947 年去海德堡访问哲学家卡尔·耶斯泊斯那一次。刚一入座，他俩就开始一个高层次精力集中的对话，谈的是近代物理与存在主义之间的关系，这次对话持续将近两个小时，仅仅尝试去听就弄得我精疲力竭。

这真是两个非凡的心灵的碰撞。我愿用稍后赫尔曼为准备爱尔诺斯演讲《科学作为一项人类的符号的构建》所写下的话来形容这两

---

① 赫尔曼·外尔的妻子，作者的母亲。——译注
② 外尔的第二任妻子。——译注

位交谈者："在浮生的混浊湍流中分清各种事实的努力，与为了交流这些事实而去寻求足够的语言的努力，是相辅相成的人类创造活动。"我的父亲赫尔曼·外尔当然已找到"足够的语言"，而同时他把枯燥的科学交流变为真实的人类创造活动。他真是一个蕴有诗魂的数学家与父亲。

（戴新生　译　袁向东　校）

科学元典丛书